──── 이 책에 대한 독자들의 서평 ────

● 책의 구성이 흥미롭습니다. 크게 5가지 카테고리로 구성된 이 책은 인간과 우주, 자연, 종교, 사회에 이르기까지 방대한 영역을 언급하고 있습니다. 이런 구성요소가 각기 주체로 다른 활동을 하는 것이 아닌, 융합적인 형태로 우리의 모든 것을 지배하고 있다고 말합니다. 또한 인문학, 철학적 사고를 요구하는 모습입니다. 삶을 살아가는 수준이나 모습이 각기 다른 사람들, 종교가 누군가에게는 큰 힘이 됩니다. 어려움과 절망에서 종교는 빛을 발휘하지만, 잘못된 단합이나 집단적 성향을 보이는 순간, 인간 이하의 오류를 범하기도 합니다. 지금 전 세계가 고통을 겪고 있는 내전이나 전쟁, 테러에 대한 근본적인 원인은 종교적 갈등에서 비롯된 것입니다. 이 책은 과학이라는 주제를 통해서 과학적 가치만 전달하는 것이 아닌, 사람들에게 보다 다양한 생각과 관점을 요구하고 있습니다. 흥미롭게 접해 보시기 바랍니다.

— 수퍼 myliferandom —

● 과학이라는 학문의 본질은 무언가를 탐구한다는 것, 그것이다. 하지만 우리가 흔히 알고 있는 과학이라는 창의 틀을 완전히 깨 버린 한 권의 책이 있다. 바로 「과학의 재발견」이다. 생각의 틀을 벗어나는 것을 넘어 완전히 깨버렸다. 이 책을 읽고 난 다음에는 그 이전에 내가 진실이라고 믿고 있었던 것에 대해 의문을 자연스레 가지게 되었다. 인간, 우주, 자연, 종교, 사회에 관한, 여태껏 단 한 번도 의문을 제기하지 않았던 부분에 의문을 품고 접근하는 글쓴이. 참 신비로운 경험이었다. 다양한 사고를 하고 싶다면, 내 생각의 한계를 시험해 보고 싶다면, 「과학의 재발견」을 추천한다. 절대 실망시키지 않을 것이다.

— 블루 책읽는아이 —

● 명료하고 간결하고 단호한 설명이 매우 감탄스럽다. 우주의 모든 변화는 기본입자의 위치가 변하는 것이고, 원래 모든 물질은 질량만 있고 무게가 없으며, 파동은 충돌에 저항하는 몸부림이라는 설명 등등 과학 이론들의 모순을 이야기하고 있다. 과거, 현재 그리고 미래 순서의 시간관념을 비판하고 있는데, 우주의 법칙은 열역학 2법칙처럼 한쪽으로만 무한대로 가는 것이 아니라 탄생→성장→사망→분해→재탄생의 사이클을 돌고 있다는 설명에서, 시간은 직선운동이 아니라 원운동이라는 음양오행 사상을 과학적 설명으로 듣는 것 같다. 2장의 '우주와 생명에 관한 질문 40가지'를 보면서 독자들도 한 번쯤 의문을 가졌던 적이 있는 부분들이 있다면 더욱 이 책에 공감과 흥미를 느낄 것이다. 간단한 의문이 아니라 더 빈틈없이 파고드는 의문들이 저

자의 오랜 탐구와 사색을 짐작케 한다. 우리가 알고 있는 많은 과학이론들이 사실은 완벽한 이론이 아니라는 것을 깨닫게 해주고, 생각의 틀에서 벗어나게 해주는 좋은 계기를 주는 책이라고 여겨진다.   - akasha -

● 우주와 생명은 어떻게 탄생했으며 그 본질은 무엇인가? 과학은 어떻게 확장돼야 하는가? 아마 이 책에서 저자가 이야기 하고 싶은 것들에 관한 주제일 듯싶다. 보통 우리가 생각한 과학들은 남들이 먼저 발견한 것들을 따라서 보게 되고, 그것들이 진실인양 믿어버리게 되는데 이 책을 통해 그동안의 나의 안이했던 생각들에 반성을 하게 한다. 저자는 우주물리학자이지만 철학자이기도해서 우주의 원리와 생명의 의미를 새롭게 해석한다. 가령 인간에 관해서 기독교에서 말한 하나님의 창조설에 대한 만물의 본질과 가치들에 관한 반박적 설명이 그동안 들었던 말들보다 더 새롭고 그럴싸하게 생각되어진다. 인간, 우주, 자연, 종교, 사회 전반적인 것들에 관해 저자의 생각들을 읽으면서 나 자신도 하나하나 깨달아가는 재미가 있는 책이다. 과학을 공부하기 전에 읽게 되면 그동안 말 되네, 안 되네 하는 것들에 관해 다시 생각할 수 있고, 과학에 흥미를 갖게 할 혜안을 키우게 될 것이다.

- 블루 오존주의보 -

● 이 책에서는 인간과 우주 자연 종교 사회 에 대한 기존의 이해에서 다른 견해들을 저자가 이야기해주고 있는데, 상당히 공격적이면서도 생각보다는 이론적이다. 인간과 생명현상에 대한 초반 도입부부터 강렬하게 다가왔는데 그 이유는 어릴 적 나도 저자와 같은 생각을 해보았기 때문이다. 우리가 흔히 아는, 현재는 정설로 굳어버린 빅뱅우주론에 대한 저자의 반박도 상당히 눈여겨보았다. 우주는 팽창한다고 알고 있는데 반대로 에너지총량보존의 법칙이 공존하다니?…평소 두 이론에 대해서는 대충은 알고 있었지만 생각해보니 둘은 공존할 수 없는 이론이 아닌가? 라는 생각을 이 책을 읽으며 하게 되었다. 이런 부분들이 이 책의 매력적인 부분의 하나라고 생각한다. 여러 가지로 과학에 대한 상상력을 자극해줄 수 있는 책이라서 과학책임에도 불구하도 재미있게 읽었다. 혹시 시간이 지나면 이 책의 내용 중에 현실로 드러나게 될 것들도 많겠지? 라는 생각을 하며 책을 덮었다.

- 블루 I2651004 -

우주와 생명은 어떻게 탄생했으며 그 본질은 무엇인가?
과학은 어떻게 확장돼야 하는가?

과학의 재발견
Re-insight of science

배 길 몽 지음

상금 5천만 원 지급!

이 책에 나오는 '우주와 생명에 관한 질문 40가지'와 새로운 이론에 대해서
누구든지 논리적이고 타당성 있는 답변이나 반론을 하는 사람에게는
5천만 원의 상금을 드립니다.

프리윌

과학의 재발견

초판2쇄 발행 2017년 08월 20일

지은이 | 배길몽

펴낸 곳 | 프리윌출판사

발행인 | 박영만
기　획 | 김형순
편집·디자인 | 김경진
마케팅 | 임인엽, 박혜린
관　리 | 박혜선

등록번호 | 제2005-31호　　**등록년월일** | 2005년 05월 06일
주소 | 경기도 고양시 일산서구 호수로 710 1703동 103호
전화 | 031-813-8303　　　　**팩스** | 031-922-8303
e-mail | freewillpym@naver.com　**HP** | 010-3734-8303

값 15,000원
ISBN 979-11-87110-51-4　03400

© 프리윌출판사 2017

이 책의 저작권은 저자와의 계약으로 프리윌출판사가 소유합니다.
신 저작권법에 의해 보호를 받는 저작물이므로 무단전재와 무단복제를 금합니다.

▼
과학의 재발견
Re-insight of science

프롤로그

우주는 하나의 원리로 작동한다

　인간은 불완전한 존재다. 그 불완전한 존재의 감각기관도 역시 불완전하므로 인간의 감각기관으로 인지한 모든 것들은 진실이 아니다. 공기의 진동을 소리라고 한다. 그러므로 공기의 진동이 정지하면 소리는 사라진다. 그러나 엄밀히 말하면 소리가 사라지는 것이 아니라 소리는 원래부터 없었던 것이며, 공기의 진동만 사라지는 것이다. 분자의 회전운동을 열(온도)이라고 느끼지만 열이라는 별도의 개체는 실제로 존재하지 않는다. 물질이 지구 표면에서는 무게를 가지지만 우주의 무중력 공간에서는 무게가 없다. 색깔은 어두워지면 모두 사라진다. 인간의 감각기관으로 인식한 것들은 대부분 실재가 아니라 현상에 불과하다. 그리고 인간이 보고 듣지 못하는 것들을 잘 보고 듣는 동물들도 있다. 우주에는 인간의 감각기관으로는 인식되지 않는 많은 것들이 있으며 인식되는 것들도 대부분은 착각이나 굴절된 형태로 인식되는 것이다.

컴퓨터가 외부로부터 오는 모든 정보를 자신이 이해할 수 있는 기계적인 언어(숫자의 집합)로 전환해서 인식하듯이 인간도 외부로부터 오는 자극을 자신이 이해할 수 있는 방식으로 변환해서 인식한다. 따라서 인간이 인식하는 대부분의 것들(소리, 온도, 무게, 색깔 등)은 사실 물질의 실질적 상태가 아니라 그 사실이 인간에게 부여하는 의미(느낌)에 불과하다. 이렇게 우주 공간에서 인간의 감각으로 직접 인식한 것도 실재가 아닌 것이 많은데, 인간의 생각으로 만들어낸 이념이나 이론에는 더 많은 오류가 존재할 수밖에 없다. 그래서 공상 같은 일부 과학도 학문으로 대접받고, 미신 같은 일부 종교들도 신앙의 대상이 된다. 사실 과학과 종교는 모두 인간의 상상력에서 시작했으므로 과학이 길을 잘못 가면 공상으로 가고, 종교가 길을 잘못 가면 미신으로 흘러간다. 그래서 문화와 문명이 고도로 발달한 오늘날에도 종교와 미신, 과학과 공상 사이에는 뚜렷한 경계가 없다.

과학은 현상을 연구하고 철학은 본질을 탐구한다. 그래서 그들은 다른 길로 가고 있지만 서로 다른 등산로가 정상에서 만나듯이 그들이 계속 전진하면 결국에는 한곳에서 만난다. 왜냐하면 모든 현상은 본질에서 나오므로 현상을 명확하게 이해하면 본질을 발견하게 되고, 역으로 본질을 발견하면 현상도 모두 이해할 수 있기 때문이다. 그런데 아직도 그들이 한 곳에서 만나지 못했다는 것은 그들이 정상에 이르지 못했다는 것을 의미한다. 과학과 철학의 궁극적인 목표는 '우주의 원리'를 올바르게 이해하는 것이다. 그리고 모든 종교도 그들의 교리는 다르지만 목표는 똑같이 '신의 섭리'에 순응하는 것이다. 그러므로 모든 종교도 정상에 이르면 올라온 등산로(교리)만 다를 뿐 목적지는 같은 것임을 알게 된다. 정상에 오르고 나서야 비로소 자신의 길만이 옳은 것이 아니었음을 알게 된다.

최종적으로 우주에는 오직 하나의 힘과 하나의 법칙만이 존재한다. 진리는 언제 어디서나 통용돼야 하며 따라서 예외가 있어서는 안 된다. 그러므로 어떤 특수 현상을 설명하지 못하는 기존의 과학 이론은 대부분 진리가 아니다. 물질과 생명을 포함해서 우주의 모든 변화는 이웃하는 존재간의 다툼에 의해서 발생한다.

우주는 하나의 기본 원리에 의해서 작동하고 있으며, 여러 개의 원리가 존재한다면 우주의 질서는 유지될 수 없다. 우주의 기본 원리에 위배되는 만유인력, 상대성이론, 열역학법칙, 에너지양자이론, 빅뱅이론, 전자기파이론 등은 모두 다 허구다. 단언하건대 어려운 단어와 복잡한 수학이 필요한 우주원리는 모두 잘못된 것이며, 무한대의 조건을 만족시키는 능력이나 한 쪽으로 끝까지 가는 법칙은 전부 거짓이다. 모든 물체를 분해하면 결국 작은 입자들(지금까지 인간이 인지할 수 있는 가장 작은 입자는 쿼크)로 구성되어있으며, 그 입자들의 운동법칙만 알아내면 우주의 모든 현상을 바르게 이해할 수 있다.

학문의 근본적인 목적은 진실을 밝혀서 바른 세상을 만드는 것이고, 문화가 지향해야할 목표는 삶의 질을 높이는 것이다. 그러므로 바른 세상을 만들거나 삶의 질을 높이는데 방해가 되는 학문이나 문화가 있다면 그런 것들은 지양되거나 수정돼야 한다. 우주에는 현재의 과학 이론으로 설명이 안 되는 예외 현상들이 너무나 많이 있다. 사회 규범에는 예외가 있을 수 있지만, 자연 법칙에는 예외가 있으면 안 된다. 그러므로 예외를 설명하지 못하는 기존의 과학 이론은 진실이 아닐 수 있으므로 의심해봐야 한다.

이 책은 자연과 사회를 포함한 우주의 거시적인 현상은 물론 생명과 물질의 미시적인 현상들을 새로운 관점으로 통찰해서 그동안 우리가 진실이라고 믿어왔던 것들이 대부분 허구라는 것을 논증하고, 우주의 작동 원리를 새롭게 제시하면서 동양철학이 주장하는 이기일원론을 과학적으로 설명한다. 그리고 과학계에서 오랫동안 소망해왔던 통일장이론의 기본을 제시한다.

구도자들이 원하는 해탈은 편견이나 고정관념에서 벗어나 자유로운 영혼이 되는 것이다. 우주의 원리에 순응하는 올바른 삶을 살고자 하는 사람들을 위해 그동안의 연구와 통찰 결과를 세상에 내놓는다.

목 차

프롤로그　　　　　　　　　　　　　　　　　　5

제1장, 인간에 대하여 ········ 15
인간은 단일 생명체가 아니다　　　　　　　　　16
삶과 죽음은 순열의 변화이다　　　　　　　　　20
의식은 스스로 작동하지 않는다　　　　　　　　25
모든 생명은 부활할 수 있다　　　　　　　　　　32
사랑과 이별도 탄생원리 안에서 작동한다　　　　35
사랑의 질환은 생존의 부산물이다　　　　　　　38
성적인 쾌감은 전기적 감응의 일종이다　　　　　46
진정한 존재성은 그 이름의 기억에 있다　　　　　52

제2장, 우주에 대하여 ········ 59
우주와 생명에 관한 질문 40가지　　　　　　　　60
우주 탄생, 빅뱅도 창조도 아니다　　　　　　　　79
물질이 정지하면 시간도 정지한다　　　　　　　86
본질력과 현상력이 우주를 순환시킨다　　　　　97
만유인력은 발견된 적이 없다　　　　　　　　　106

빛과 중력은 남남이 아니다	120
관성력은 가상의 힘이 아니다	132
에너지는 실재가 아니라 현상이다	138
물질은 원래 무게가 없었다	144
열역학 제2법칙은 항상 성립되는 것이 아니다	149
사망한 별에는 중력이 없다	155
전파는 전자기파가 아니다	161
모든 파동은 물질파며 종파이다	172
진정한 변화(생성과 소멸)는 없다	185
많은 과학자들이 수학의 맹신에 빠져있다	189
과학은 재정립 되어야 한다	195

제3장, 자연에 대하여 203

자연과 우주는 순환을 반복한다	204
살아있는 별은 영양분(소립자)을 섭취한다	207
자연에서 선과 악의 경계는 없다	213
식물도 심장을 가지고 있다	217
약보다 음식이 중요하다	221
운동보다 자세가 중요하다	224

제4장, 종교에 대하여 231

종교와 과학은 동전의 양면과 같다   232
신은 자기를 위한 희생을 바라지 않는다   238
일용할 양식은 대가 없이 주어지지 않는다   242
신유(神癒)는 신통력이 아니다   247
종교는 계속 진화해야 한다   252

제5장, 사회에 대하여 261

사회도 환경온도에 의해 법칙이 결정된다   262
산술적인 평등은 진정한 평등이 아니다   270
순환 속의 균형이 답이다   277
유기사회(有機社會 : organic society)로 가는 길   280

에필로그   285

저자 소개

배길몽 (재야 우주물리학자, 철학자)

- 서울공대 및 대학원 졸업
- 미국 정부 과학기관에서 다년간 근무
- 10년째 인간, 우주, 자연, 사회에 대해 연구 중

- 이 책은 인간의 감각기관으로 인식한 자연의 현상들은 대부분 착각이나 오해라는 것을 설명하면서, 우주의 원리와 생명의 의미를 새롭게 해석하고 만물의 본질과 가치를 명쾌하게 논증한다. 기존의 과학이론을 180도 뒤집는 새로운 통찰로 과학과 종교와 철학을 하나로 통합하여 개개인의 삶의 지경을 넓히고, 21세기 인류 사회의 나아갈 바를 제시한다.

제 1 장

인간에 대하여

과학의 인문학

Humanity Study in Science

▼ 인간은 단일 생명체가 아니다

　규칙적으로 이합집산을 반복하는 단순하고 지루한 우주의 물질운동에 반기를 들고 나타난 것이 생명이다. 그리고 최근에는 생명을 복제하는 기술을 터득하기도 했으며 그 복제품에 자신의 기억을 모두 주입할 수만 있다면 내세가 아니라 현세에서 영생하는 것도 가능하게 됐다. 생명에 관한 이야기를 잘못하면 종교 단체에서 아우성이겠지만 그래도 잘못된 것이 있다면 누군가가 용기 있게 외쳐서 바로 잡아야 할 것이다.

　생명의 기본조직은 세포다. 생명체는 단세포 생물에서 다세포 생물까지 다양하다. 생명체의 특성을 살펴보기 위해서 우선 다세포 생물이 하나의 독립생명체인지 아니면 단세포 생물의 연합체인지를 알아볼 필요가 있으므로 판단에 참고가 될 사례를 몇 가지 제시해 보겠다.

　1. 나의 신체 장기가 남의 몸속에 이식돼서 잘 살 수 있다.

2. 혈액은 위생 팩에 담아두면 몸 밖에서도 독자적으로 생명을 유지한다.
3. 정자와 난자는 냉동해서 보관하면 주인이 죽은 후에도 언제든지 살려내서 생명으로 자라날 수 있다. 물론 일반 세포도 가능하다.

이와 같이 사람의 신체는 모두 분리돼도 독자적인 생명을 가지고 있다. 동물의 장기 이식이나 성형수술은 식물의 꺾꽂이나 접붙이기와 똑같은 원리다. 모든 생명은 일부를 잘라 내어서 에너지만 잘 공급하면 죽지 않고 산다. 위와 같은 사실들을 볼 때에 세포 하나하나 자체가 독립된 생명이며 따라서 다세포 생물은 생명의 연합체임을 알 수 있다. 단세포 미생물은 2개의 세포로 분열하면 2개의 생명체가 되며 또다시 분열하면 생명체의 숫자가 기하급수적으로 늘어나면서 모두 독자적으로 살아간다. 그런데 인간은 정자와 난자가 결합해서 하나의 세포를 형성한 후에 계속 다른 세포로 분화하지만 그들은 미생물처럼 흩어져서 살지 않고 함께 뭉쳐서 협조하면서 산다는 것이 미생물하고 다른 점이다.

생명의 기본단위는 '에너지(영양, 온도, 습도 등)가 공급될 수 있는 세포'라고 정의할 수 있다. 그러나 단세포 생명은 스스로 에너지를 공급하기에는 거의 불가능하다. 그래서 에너지를 흡수할 수 있는 소위 숙주에 의존해서 생활한다. 이런 불완전한 점을 극복한 것이 연합 생명체인 고등 생물이다. 고등생물은 세포 각각의 역할에 따라서 분업화된 기능을 발휘해서 공동으로 에너지를 획득하고 연합 방위를 하면서 하등생물보다 한층 업그레이드된 생명활동을 유지한다. 우리 몸 안에 있는 각각의 세포는 모두 독립된 생명체이기 때문에 같은 몸 안에 있는 다른 세포의 사망과 상관없이 자신의 생명을 유지한다. 국민이 모여서 국가를 이루고, 필요한 각종 행정 기관을 만드는 것처럼 세포도 모여서 몸(국가)을 이루고 필요한 오장육부(행정기관)를 구성해서 소위 세포들의 국가를 이루고 함께 사는 것이 고등생물이다. 우리 몸의 장기들은 각자가 스스로 판단해서 행동한다. 뇌는 오감을 통해서 인식되는 상황을 분석해서 외부 환경으로부터 신체를 보호하고, 다른 장기들은 신체 내부의 기능을 정상적으로 작동하도록 한다. 국가에 비유하면 뇌는 외교와 국방을 전담하고, 다른 장기들은 내치를 담당하며 서로 협조해서 공동 운명체로서의 삶을 영위하는 것과 같다. 뇌와 심장도 여러 가지 장기 중의 하나이며 인간 생명의 일부에 불과하다.

바이러스나 단일 세포 생물은 좋은 환경에서는 죽지 않고 반영구적으로 산다. 그러나 고등생물의 세포는 연합 생명체로 뭉쳐서 살다가 심장이 멈추면서 영양공급을 받지 못하면 어쩔 수 없이 함께 굶어 죽는다. 그러나 심장이 멈춘다고 다른 조직이 금방 죽는 것은 아니다. 살아 있는 물고기를 토막토막 잘라도 1~2시간은 살아있다. 사람의 신체 일부도 영양과 온도만 유지하면 몇 시간에서 며칠도 살아있으며 다른 생명체에 이식하면 계속 살아간다. 식물은 부리 채 뽑아서 며칠간 방치했다가도 다시 심으면 대부분 살아나고 큰 나무의 밑동을 잘라도 가지는 수개월간 살아서 잎도 자라고 꽃도 핀다. 사람도 심장이 멈추고 몸이 죽어도 머리칼이나 손톱은 상당기간 살아서 자라난다.

인간은 아무리 병이 안 걸리고 사고가 나지 않아도 궁극적으로 혈관에 불순물들이 쌓이게 되고 그러면 심장이 혈액을 순환시키는데 어려움이 발생하면서 다른 장기들이 제 역할을 못하게 되고 기능이 저하된 장기가 다시 노폐물을 생산해서 혈액과 혈관을 가속적으로 악화시키면 결국은 심장이 멈추게 돼서 사망하게 된다. 그러므로 혈관의 노화만 막으면 인간도 나무처럼 수백 년 동안 잘 살 수 있다.

> **notice** 앞으로 이어지는 여러 가지 글에서 처음 접하는 용어나 법칙이 나오더라도 계속 읽어 나가시기 바랍니다. 책의 다른 곳에서 내용이 설명되므로 끝까지 읽으면 그 의미를 모두 이해할 수 있습니다.

▼ 삶과 죽음은 순열의 변화이다

머지않아서 우수한 유전자들만 선택적으로 결합시켜 만든 품질 좋은 어린아이를 생산해서 택배로 송달 될 날이 올 수도 있다. 자기 체질에 맞는 인간 부품을 백화점에서 살 수도 있고, 종합 병원의 간판을 '1급 인간 정비소'라 걸고 '24시간 부품 교체 및 수리 가능'이라고 적을지도 모른다. 최근에 맹인용 안경이 개발됐다. 안경에 부착된 카메라의 영상을 전기신호로 바꾸어서 망막에 전해주면 맹인도 영상을 볼 수 있다. 또 반대로 뇌의 의식을 기계로 옮겨서 기계가 인간의 생각대로 움직이는 방법도 나왔다. 이런 것은 물질과 생명의 경계를 없애주는 것이고 기계와 생명은 복잡성만 다를 뿐이며 근본이 같다는 것을 단적으로 보여준다. 바이러스는 물질과 생명의 경계선에 있는 존재인데 환경만 좋으면 죽지 않는다. 그래서 나는 이렇게 말한다. 생명은 죽는 것이 아니라 다만 고장 날 뿐이다. 조금 고장 나면 병원에서 수리하고 많이 고장 나서 작동이 안 되면 장의사가 폐기시킨다. 혈관을 수리하거나 리모델링하는 기술만 개발되면 사람도 노화된 부품을 바꾸면서 반영구적으로 살 수 있다.

 생명현상은 물질현상의 한 부분에 불과하다. 이해를 돕기 위해 컴퓨터를 예로 들어 설명하겠다. 컴퓨터를 조립하기 전(죽음)과 조립한 후(삶)에 물질 총량의 변화는 없고 오직 부품의 순열만 바뀐다. 거기에 많은 프로그램과 데이터를 첨가해도 무게는 변하지 않고 부품 내부에 있는 미세구조의 순열만 바뀐다. 본질(물질의 조합)은 항상 그대로이고 현상(물질의 순열)만 변한다. 컴퓨터를 해체하면 단순한 부품 조각들이 되지만 이것들이 모두 제 위치에 조립되면 다시 컴퓨터가 된다. 컴퓨터가 마치 생명이 있는 거처럼 느껴지지만 그 속에는 물질(하드웨어; 조합; 본질)과 프로그램(소프트웨어; 순열; 현상) 외에는 아무것도 없다. 컴퓨터 프로그램은 기호를 질서 있게 정렬해 놓은 것이며 그 순서가 바뀌면 의미 없는 단순한 낙서가 된다. 그와 같이 인간의 육체(하드웨어)도 물질의 조합(본질)이며 정신(소프트웨어)은 물질의 순열(현상)일 뿐이다. 그런데 인간은 자신에게 필요한 프로그램을 스스로 생산해 내는 능력이 있는데 컴퓨터는 외부에서 주입시켜야 된다는 것에서 차이가 있다. 그래서 인간은 스스로 발전할 수 있지만 컴퓨터는 그러지 못한다. 언젠가 컴퓨터가 스스로 프로그램을 개발해서 자신의 행동양식을 환경에 맞게 바꿀 수 있게 된다면 인간에 가까운 지능을 가지게 될 것이다.

육체는 본질이기 때문에 변하지 않으며 죽으면 분해돼서 땅이나 공중으로 흩어졌다가 언젠가 다시 모여 생명으로 태어난다. 그러므로 육체라는 조합 안에서 순열이 바뀌면 삶과 죽음이 바뀌는 것이다. 컴퓨터나 인간의 뇌를 해부해보면 그 속에는 물질이외는 아무것도 없으며 물질의 순서(순열, 질서)가 흐트러지면 기능(생명)이 정지된다. 컴퓨터의 프로그램은 존재가 아니라 순열이며 인간의 정신 또한 존재가 아니라 현상에 불과하다. 이와 같이 삶과 죽음의 차이는 수학적으로 표현하면 '같은 물질의 조합에서 순열이 바뀌는 것'으로 정의할 수 있으며, 이것을 물리학적으로 표현하면 '같은 물질의 조합에서 무질서도(엔트로피)가 변하는 현상'이라고 말할 수 있고, 공학적으로 표현하면 '같은 기계가 작동이 되는 상태와 되지 않는 상태로의 변화'라고 할 수 있다. 인간의 뇌는 컴퓨터와 유사하므로 컴퓨터에 관한 기술을 잘 활용하면 성능이 좋아진다. 뇌의 기억력이나 계산능력은 기본으로 장착된 하드웨어(신경조직)의 성능이므로 하드웨어를 바꿀 수 있는 신기술이 나올 때 까지는 기다려야 하지만 우선 마음훈련이나 정신수양을 통해서 쓸데없는 메모리나 불필요한 프로그램을 지우고 긍정적인 마음이나 올바른 가치관의 프로그램을 새롭게 깔면 에러가 적어지고 성능이 개선된다.

생명 운동과 물질 운동의 근본적인 차이는 움직임을 통제하는 프로그램을 자체적으로 업데이트할 수 있는 능력의 유무로 구분되는 것이며 생명체의 삶과 죽음은 그 속에 있는 프로그램의 작동 가능성의 유무에 의해서 구별된다. 생명체의 프로그램이 단순하면 하등 생물이고 복잡하면 고등 생물이 되는 것이다. 기계 중에서 고도로 발달한 컴퓨터나 로봇은 매우 정교한 작동 프로그램으로 거의 생명과 유사한 작동을 한다. 일반 컴퓨터는 생각을 하는 프로그램밖에 없지만 로봇은 동작을 조절하는 프로그램도 있다. 만약에 로봇이 스스로를 진단해서 문제가 생기면 공장(병원)에 찾아가서 수리를 의뢰하고 충전을 하는 프로그램을 가지게 되면 기능이 거의 생명에 가까워지며 불로장생까지 할 수 있다. 물론 그렇게 하려면 부가적으로 금전(수리비와 충전 비용)을 지불해야하는 프로그램도 있어야 하므로 현실적으로 불가능에 가깝겠지만 이론적으로는 가능하며 또 로봇이 로봇을 생산하는 플랜트도 스스로 운영한다면 공상과학 영화처럼 로봇과 인간의 전쟁도 가능하다. 생명의 탄생은 무에서 유로 변하는 것이 아니라 무질서에서 질서로, 기능이 없는 상태에서 기능이 있는 상태로, 작동 프로그램이 없는 상태에서 있는 상태로 변하는 것이며 시간이 지나면서 다시 원래의 상태로 돌아가는 것이고 이것을 소위 죽음이라고 표현한다.

우주에는 진정한 탄생(무에서 유로 변하는 것)이나 사망(유에서 무로 변하는 것)은 없고, 오직 질서(결집)와 무질서(분산)의 순환만이 존재한다. 인간의 정신작용은 뇌라는 신경조직의 작동현상에 불과하며 별도로 존재하는 개체가 아니다. 뇌(물질)의 기능이 정지하면 정신은 저절로 사라진다. 정신은 물질의 작용이며 물질에서 나오기 때문에 정신 질환이 걸리면 물질(약)로 치료할 수 있다. 사람의 육체는 실재(조합)며 따라서 죽더라도 분해돼서 자연으로 돌아갈 뿐이며 여전히 존재하지만 정신은 현상(순열)이기 때문에 육체의 기능이 정지하면 저절로 사라진다. 컴퓨터가 온갖 기능을 하고 있지만 전기 공급이 중단되는 순간 모든 기능은 사라진다. 그리고 전기는 전자의 운동 그 이상도 이하도 아니다.

의식은 스스로 작동하지 않는다

생명 현상 중에서 가장 신비롭고 비생명 물질과 구분되는 것이 의식작용이다. 그런데 의식은 어디서 오는 것일까? 스스로 발현하는 독립된 작용일까? 아니면 외부의 자극에 따라서 나타나는 단순한 조건 반응일까? 컴퓨터를 작동시켜보면 마치 무슨 의식이 내부에 있는 것처럼 생각된다. 그런데 자세히 살펴보면 스위치를 켜고, 자판을 두드리고, 마우스를 클릭 하는 외부의 자극(입력)에만 반응할 뿐이며 스스로는 아무것도 안한다. 일반 생명체도 그러한지 살펴보자.

1. 달걀에 적당한 온도만 맞추어 주면 달걀의 의지와 상관없이 병아리는 태어난다.
2. 난자와 정자가 체외에서도 온도 습도만 맞추어 주면 수정돼서 잘 배양된다.
3. 박테리아는 온도, 습도, 영양만 맞추어 주면 무조건 번식한다.

위에서 보듯이 생명체가 스스로의 의식으로 무엇을 결정하는 것이 아니고, 단순히 외부의 환경에 조건적으로 반응한다는 것을 알 수 있다. 우리 인간의 생각은 매우 복잡하다. 그러나 잘 생각해 보면 외부의 자극(입력) 없이 일어나는 생각은 하나도 없다. 밥을 먹겠다는 생각은 배가 고프다는 자극이나 혹은 밥시간이 됐다는 정보에서 나온 것이고, 돈을 벌어야겠다는 생각은 돈이 필요하다는 현실이 자극을 주어서 그렇다. 외부 자극 없이는 아무 의식도 없다는 것을 가장 확실히 보여 주는 현상이 있다. 우리가 잠을 자면 외부의 자극(입력)이 뇌로 전달되지 않아서 의식도 정지하게 됨을 보면 의식은 단순한 조건반사임을 분명히 알 수 있다. 의식이 주체적으로 작용하려면 인간의 신체와 분리될 수 있는 별개의 존재여야 하는데, 의식(정신)은 별개의 존재가 아니라 단순히 신경(물질)의 작용에 의한 기계적인 현상에 불과하다. 예를 들면, 정신병은 심리치료도 가능하지만 자신의 생각과 상관없이 물질로 만들어진 약물로도 치료가 가능하고, 또 물질에 불과한 마취제를 투여하면 아무리 정신을 차리려고 애를 써도 의식이 강제로 사라진다는 것은 의식이 자신의 판단력으로 주체적인 행위를 하는 것이 아니라 기계적인 반응에 불과하다는 증거다.

의식은 '외부 자극(입력)에 대한 신경 조직의 반사작용'에 불과하다. 에너지는 물질의 운동능력이다. 현대 과학자들이 주장하는 에너지양자도 별도로 존재하는 개체가 아니라 '비 인식 물질의 운동에너지'를 별도의 개체로 오해하는 것이며, 이와 마찬가지로 의식도 별개의 존재가 아니라 단순히 '신경 조직의 반응'에 불과하다. 그런데 기계나 컴퓨터는 똑같은 외부의 입력에 항상 똑같은 결과를 내어 놓는 소위 기계적인 반응을 하는 데 반해서 생명체는 똑같은 자극에도 다른 반응을 나타낸다. 그런데 그것은 생명체가 기계와 작동 방식이 달라서 그런 것이 아니다. 생명체는 일반 기계가 가지고 있지 않은 데이터의 축적 및 분석 기능이 있어서 축적된 학습 효과가 작동하기 때문에 반복되는 같은 자극에 대해서도 매번 다른 반응이 나올 수 있다. 다시 말해서 컴퓨터나 기계는 같은 자극(입력)에 같은 반응(결과)을 기계적으로 반복하지만 생명은 시스템이 매 순간 업그레이드되고 있기 때문에 같은 자극에 대해서 다른 반응을 나타내는 것이다. 그런데 사실은 컴퓨터도 생명체처럼 온도 습도 전압 등 환경이 변하면 같은 입력에 대해서 다른 결과를 가끔씩 내어놓아서 소위 에러가 발생한다. 우리 몸에 상처가 났을 때에 상처를 잘 보호하면 깨끗이 원상회복을 하는데 그냥 방치하면 흉터가 남는다. 세포 분열이 스스로 분별력을 갖고 필요한 행위를 한다면 조금 환경이 달라도 일정한 반응을 보여야 하는데 주변조건에 따라서 다르게 반응해서 상처자국을 다른 형태로 남긴다는 것은 세포분열이 환경에 따르는 단순한 기계적인 반응임을 보여주는 것이다.

　기계는 자신의 일정한 행동양식을 가지고 있는 다양한 부품들이 모여서 새로운 기능을 만들어 낸다. 기계의 부품들은 자신의 정해진 행동양식에 따라서 무심코 움직이지만 기계 전체는 어떤 의미(기능) 있는 작동(행동)을 하게 된다. 다시 말하면, 부품들은 자신들이 무슨 일을 하고 있는 지도 모르고 오로지 자신의 행동양식대로 열심히 움직이고 있을 뿐이다. 일반 물질은 분자들이 일정하게 규칙적으로 배열된 조합에 불과하고, 생명이나 기계는 물질의 조합에 복잡한 순열이 추가된 특수 물질이다. 그러므로 물질과 생명 그리고 자연과 사회는 근본적으로 같은 재료로 만들어진 것이지만 작동 방식에서 약간의 차이가 있을 뿐이다. 인간의 개별 세포(부품)도 자신이 인간을 위해서 무엇을 하고 있는지도 모르면서 오로지 자신의 기능을 열심히 한다. 예를 들면 백혈구는 인간의 몸 밖으로 나와서 헌혈용 팩 속에서는 물론 남의 몸속에 들어가서도 자신의 기능을 열심히 한다. 그런데 그 백혈구가 자신이 인간의 생명을 살리고 있다고 생각하지 않을 것이며, 백혈구와 싸우고 있는 병균 또한 자신이 인간의 생명을 해치고 있다고 생각하지 않는다. 백혈구는 그저 자신의 행동양식에 따라서 움직이고, 병균도 열심히 자신의 행동양식에 의해서 움직일 뿐이다. 고유한 행동양식을 가진 수많은 다른 개체들(부품, 세포, 분자, 소립자)이 모여서 하나의 기계나 생명을 형성하면 통합적인 새로운 기능이 창출되는 것이다. 이와 같이 단순한 기능을 가진 부품들이 질서 있게 모여서 새로운 기능을 창출해 내는 것을 우리는 '창조' 혹은 '탄생'이라고 부르는 것이다. 창조나 탄생은 무에서 유로 바뀌는 것이 아니라 유에서 형태가 다른 새로운 유로 변하는 것이다.

기계에 동력이 투입되면 무심코 작동하듯이 엄밀히 말하면 인간도 목적의식을 가지고 행동하는 것이 아니라 외부의 자극에 조건적인 반응을 보이는 것이다. 예를 들면 눈에 이물질이 들어오면 눈이 자신의 행동양식에 의해서 자동으로 닫힌다. 그리고 눈에 이물질이 들어왔다는 정보가 뇌로 들어오면 뇌는 자신의 행동양식에 맞추어 그 상황을 분석하고 이물질을 제거해야하겠다고 판단한다. 인간이 목적의식을 가지고 행동하는 것처럼 보이지만 엄밀히 분석해 보면 현실에서 오는 자극에 대한 반응일 뿐이다. 모든 것을 다 갖춘 사람이라면 목적의식도 없고, 아무런 계획도 안 세운다. 인간이 계획을 세운다는 것은 현실에서 부족한 뭔가를 감지한 뇌 조직이 반응한다는 것이다. 생명은 자신의 의지에 의해서 태어나는 것이 아니라 부모의 결정에 의해서 태어난다. 따라서 생명은 근본적으로 목적의식을 가지고 태어나지 않으며 따라서 목적의식을 가지고 진화하지도 않는다.('사랑의 질환은 생존의 부산물이다'라는 글을 참조 바람) 여러 사건의 연속적인 반응의 하나로서 생명이 태어나고, 그 생명이 다시 주변의 조건에 계속해서 반응하는 것이 바로 생명활동(생로병사)이며 그 결과로서 나타나는 것이 진화나 퇴화다.

일년생 화초도 온실에 넣어두면 겨울에 죽지 않고 자라나고 꽃도 핀다. 온실 안에 있는 식물들은 온실 바깥이 겨울이라는 것을 모른다. 닭들은 24시간 불을 켜 놓으면 밤낮을 구분하지 않고 성장하고 알도 낳는다. 생명체는 모두 온도나 빛에 대해 반사적이며 기계적으로 반응한다. 식물들은 계절의 변화를 인식하면서 자라고, 꽃을 피우고 열매를 맺는 것이 아니라 그저 온도의 변화에 반응하는 것이다. 천 년이 넘은 유적지에서 발견된 식물의 씨앗에 온도와 습도를 맞추어 주니까 싹이 돋아났다는 뉴스를 본 적이 있을 것이다. 그것은 두 가지를 시사한다. 하나는 생명 활동은 단순히 환경(온도와 습도)에 기계적으로 반응하는 현상에 불과하다는 것이며, 또 하나는, 생명체도 잘 관리하면 영생에 가깝게 오래 살 수 있다는 것이다.

생명은 순열이며 그 순열은 환경(온도와 습도)에 따라서 바뀌는 것이고, 온도는 과학자들이 말하는 에너지가 아니라 물질의 운동에 불과하다. 물질과 생명을 포함해서 우주의 모든 변화는 구성 요소의 운동량의 변화에서 비롯된다. 그리고 거기에는 과학자들이 '에너지'라는 부르는 가상의 존재는 없다. 에너지는 물질의 운동능력을 다른 말로 표현한 것에 불과하기 때문이다.

　의식(정신)이 실제로 존재하느냐 아니냐는 하는 것은 소리가 실제로 존재하느냐 아니냐와 같다. 소리가 있다고 해도 틀렸다고 하기 어렵고, 반대로 없다고 해도 옳다고 할 수 있듯이 의식도 그렇다. 그러나 엄밀하게 말하면 독립적으로 존재하는 것은 오직 물질이며 나머지 즉 소리, 빛, 에너지, 열, 의식, 시간 등은 모두 물질이 일으키는 현상(운동)에 불과하다. 공기가 운동을 중지하면 소리는 사라지고, 뇌세포가 운동을 정지하면 의식도 사라진다. 의식은 뇌 조직의 작동 현상에 불과하며 따라서 뇌가 사망해도 오장육부는 각자의 행동양식에 의해서 여전히 작동한다. 다만 심장이 정지하면 영양공급(에너지)을 받지 못하므로 영양실조로 사망하게 되지만 영양을 계속 공급하면 사망하지 않으므로 장기이식이 가능해지는 것이다. 과학자들이 물질에서 어떤 과정으로 정신이 발현되는지에 대한 메커니즘을 아직 상세히 밝히지는 못했지만 언젠가는 밝혀낼 것이며 그러면 인공지능도 인간에 가까워질 것이다.

▼ 모든 생명은 부활할 수 있다

단세포나 미세 동물들은 급속 냉동(기능 정지 및 사망)후에 다시 해동하면 모두 부활한다. 고등 동물들이 부활하지 못하는 이유는 냉동 기술이 부족해서 냉동 중에 부품의 파손이 일어날 뿐만 아니라 해동할 때에도 균일 해동이 안 돼서 정상적으로 복구가 안 되기 때문이며, 냉동과 해동 기술만 늘어나면 고등 동물도 냉동 후에 얼마든지 부활이 가능하다. 일반 기계가 무기물을 재료로 사용해서 만들어진 튼튼한 기계라면 생명은 유기물을 주원료로 사용하는 매우 섬세하고 부드러운 기계다. 인체를 구성하고 있는 유기물들은 열에 매우 민감해서 정상 작동 온도인 36.5도를 조금만 벗어나도 부품이 망가져서 기능을 못하고 고장이 나거나 사망하게 된다.

자동차의 부품들은 작동하기 전에는 서로 간에 약간의 틈새가 있도록 제작돼있다. 그러다가 작동돼서 열을 받으면 부품들이 조금씩 늘어나고 그때서야 최적의 상태가 되도록 만들어지는데, 그 최적의 온도를 유지하기 위해서 냉각수로 일정한 온도를 조정한다. 생명체도 그와 같아서, 식물의 씨앗이나 동물의 수정란이 적절한 온도가 돼야만 최적의 상태가 돼서 그 때부터 세포 분열을 하게 되고 신진 대사도 적절한 온도에서 가장 활발하며 온도가 적정 범위를 벗어나면 부품들이 수축하거나 팽창해서 아귀가 맞지 않게 되고 고장(병)이 나거나 죽게 된다. 기계나 생명이 똑같이 온도의 변화에서 성능이나 수명이 결정된다는 것에는 차이가 없으며 에너지를 공급하는 것도 결국은 적절한 온도를 유지하기 위한 것이다. 모든 기계는 작동을 멈추었다가도 에너지만 다시 공급하면 부활한다. 그런데 생명체는 에너지가 중단되면 연약한 조직이 파괴돼서 다시 에너지를 공급해도 부활하지 못한다. 그러므로 생명체가 사망해도 상태유지만 잘 해두면 언제나 부활할 수 있는데 현재의 기술로는 아직 그것이 어려울 뿐이다.

일반적으로 생명이 죽는 이유가 질병이라고 생각하지만 질병은 간접적인 사인이기는 하지만 직접적인 사인이 아니다. 질병에 걸리면 신체 기능과 신진대사가 저하되고 혈액의 점도가 높아지면서 순환이 어려워서 심장이 멈추게 된다. 특별한 질병이 없어도 체온이 지나치게 상승하거나 하락하면 사망한다. 그래서 심장마비나 과다출혈과 같은 응급상태가 발생하면 체온을 유지하는 것이 급선무다. 모든 생명은 순환기가 고장 나면 죽게 되는데 순환기의 기본역할은 영양공급과 체온 유지며 영양공급도 궁극적으로 체온을 유지하기 위해서 하는 것이다. 그러므로 생명에 결정적인 영향을 주는 것이 온도며 결국 온도에 의해서 생사가 결정된다. 체온만 잘 유지하면 일시적으로 멈췄던 심장도 다시 뛰게 할 수 있다. 최근에 호주에서 죽은 심장을 온도와 영양을 공급해서 다시 살려내는 기술을 발표했다. 온도(운동능력)의 변화에 따라서 열역학2법칙이 작용하기도 하다가 반대로 작용하기도 하면서 별의 생성과 소멸도 일어난다. 모든 조류나 어류의 알들이 생명으로 깨어나려면 적정한 온도가 필요하고 반대로 온도(체온)가 허용범위를 벗어나면 생명도 죽는다. 우주의 모든 변화는 온도(운동능력)가 결정한다.

사랑과 이별도 탄생원리 안에서 작동한다

생명이나 별의 탄생을 물리학적으로 설명하면 '물질들의 무질서도가 줄어들어서 질서 있는 상태로 바뀌는 현상'이며 사망은 그 반대로 '무질서도가 커지는 현상'이다. 별이 사망(폭발)한 후 분산된 입자들의 에너지(운동능력)가 평형상태(무질서도의 극대화)에 도달하면 열역학 제2법칙이 종료된다. 그리고 입자들의 밀도나 온도 상황이 변해서 입자들의 운동력, 즉 현상적인 힘이 결합력, 즉 본질적인 힘보다 작아지면 분산된 입자들이 다시 결합하면서 탄생(생성)의 단계로 가는데 이때는 물질이 열역학 제2법칙과 반대로 무질서도가 감소하는 쪽으로 이동한다. 우주의 법칙은 열역학 2법칙처럼 한쪽으로만 무한대로 가는 법칙은 없다. 한쪽으로만 무한대로 가면 우주는 돌아오지 않는 미아가 되며, 그러면 절대자의 능력으로 우주를 다시 되돌려놓아야 하는 소위 성경에서 말하는 천지창조가 반복돼야한다. 그러나 다행히도 우주는 스스로 분산하고 결집하는 능력이 있어서 별이나 생명은 탄생 → 성장 → 사망 → 분해 → 재탄생의 사이클을 도는 것이다.

　창조(탄생)는 기독교의 이론처럼 무에서 유가 되는 1회적인 현상이 아니라 무질서에서 질서로 바뀌는 반복적인 현상이며 과학 법칙으로 말하면 열역학 제2법칙에서 반제2법칙으로 바뀌는 것이고, 필자가 주장하는 통일장 원리로는 분산의 법칙(동류 경쟁의 법칙)에서 결집의 법칙(동류 단합의 법칙)으로 바뀌는 현상으로서 순환의 한 과정이다.

　생명의 탄생도 별의 탄생과 똑같은 원리로 발생한다. 생명 탄생은 무질서한 단백질이 질서 있는 형태로 결합하는 것이며, 무에서 유를 만드는 것이 아니라 기능이 없는 상태(무질서)에서 기능이 있는 상태(질서)로 변화하는 것이다. 우주에는 무에서 유를 만드는 진정한 의미의 창조(탄생)는 없으며 끊임없는 변화만이 존재한다. 분화 혹은 복잡화는 열역학 제2법칙(분산, 복잡화, 평준화의 법칙)과 어울리는 한시적인 현상이며 복잡화의 끝에 가면 평준화에 이르고 역으로 단순화가 시작되는데 이때는 열역학 제2법칙과 반대의 법칙(결집, 단순화, 양극화의 법칙)이 나타나고 따라서 우주는 분산과 결집을 반복하며 끊임없이 순환한다. 과학에서 법칙이라고 명명하려면 상황에 상관없이 항상 성립돼야 하는데 열역학법칙은 국소적이며 한시적인 현상에 불과하므로 엄밀하게 말하면 법칙이라고 말할 수 없다.

　우주가 변하면서 상반되는 두 개의 법칙(현상)이 교대로 나타나는 것처럼 보이나 그것은 외형적인 모습이며 사실은 하나의 원리에 의해서 나타난다. 친화성이 있는 물질들이 서로 마주칠 때에 운동력이 결합력보다 강하면 동류 경쟁의 법칙이 작동해서 분산하고, 운동력이 결합력보다 약하면 동류 단합의 법칙이 작동해서 결집한다. 우주는 소립자들 끼리 끊임없이 충돌하므로 똑같은 상태를 계속 유지하지 못하고 항상 변하는 것이며 계속 변하다 보면 같거나 비슷한 길로 되돌아오고 이것을 순환(윤회)이라고 한다.

　사랑과 이별은 반대 현상이지만 만남(충돌)이라는 기본에서 시작한다. 서로 만나야 사랑도 있고 이별도 있다. 두 사람(물질)이 접촉(충돌)할 때에 결합력이 더 크면 사랑(결집)이 발생하고 운동력이 더 크면 이별(분산)하게 된다. 사랑(탄생)과 이별(소멸)은 하나의 원리 즉 만남에서 비롯되며 만유인력처럼 멀리 떨어져서 서로 사랑하거나 이별하는 방법은 있을 수 없다.

▼ 사랑의 질환은 생존의 부산물이다

인간은 원초적으로 불완전한 존재이다. 그래서 늘 뭔가 부족함을 느끼고 이를 채우려고 하는데 바로 이 작용 중의 하나가 남녀 간의 사랑이다. 정신분석학자 프로이트는 이를 리비도(Libido), 즉 '삶을 이끌어가는 원초적 힘'이라고 했다. 그러나 필자가 보기에 남녀 간의 사랑은 '예방 백신도 잘 듣지 않는 다발성 질환'의 일종이다.

그렇다면 이 질환은 언제부터 시작되었을까? 최초의 인간인 아담 때부터였을까?…

식물들의 암수 구별은 매우 다양하다. 대부분의 꽃에는 암술과 수술이 함께 있지만 호박꽃처럼 암꽃과 수꽃이 따로 있는 것도 있고, 은행나무처럼 암나무와 수나무가 따로 있는 것도 있다. 식물의 형태를 보면 암수가 함께 있다가 차차 분화된 것으로 추정된다. 그렇다면 동물도 처음에는 암수가 한 몸 있었을 가능성이 높다.

우주는 처음에는 한 덩어리로 시작해서 차차 양극화 혹은 다극화로 변모했다. 그리고 진화의 이론이 맞는다면, 진화의 속성상 생명체가 처음부터 동시에 음양 두 개로 태어나서 따로 따로 진화했다는 것은 비논리적이다. 이렇게 볼 때 인간도 처음에는 남녀가 하나였을 것이다. 진화 이론이 타당성을 가지려면 암수는 한 몸에서 시작해야한다. 처음부터 암수가 따로 있었다는 것은 오히려 기독교의 창조론에 타당성을 부여하는 것이다. 창조가 아니면 어떻게 쌍이 되는 두 개의 대립된 생명체가 동시에 태어날 수 있겠는가? 생명이 동시에 쌍을 이뤄 자연 발생적으로 태어났다는 것은 숫자가 1이 없이 2에서부터 시작됐다는 논리와 유사하다. 남녀가 원래는 한 몸이었다는 것을 증명해내지 못한다면 과학자들은 창조론을 인정해야한다.

하등 동물은 암수 동체인 경우가 많다. 어떤 동물은 태어날 때의 온도 차이로 암수의 성이 바뀌는 경우도 있다. 사람의 몸도 잘 들여다보면 암수 한 몸의 흔적이 있다. 남성의 몸속에도 여성 호르몬이 있고, 남자의 가슴에도 아이를 키우기 위해서 쓰이는 젖꼭지가 있다. 이러한 점들을 고려해 볼 때 사람도 처음에는 남녀가 한 몸이었을 것으로 추정된다.

성경에서 남자의 갈비뼈로 여자를 만들었다고 하는 이야기는 여자를 남자의 부속품 정도로 생각하는 유대인들의 남자우월사상이 조작해낸 창작으로 추정된다. 여자를 독립된 개체로 별도로 만들었다고 하면 여자들을 남자들과 동등한 존재로 대우해야 한다. 그러나 호구조사에서 여자는 숫자에 넣지도 않았던 보수적 유대 사회에서 그것은 용인하기 힘든 일이었다. 그렇기 때문에 유대인들의 '갈비뼈 이야기'는 남존여비사상을 합리화하려고 꾸며낸 이야기일 뿐이다. 그리고 생각해보라. 성경 얘기대로 하나님이 일단 남자를 만들었다가 여자도 필요할 것 같아서 추가로 여자를 만들었다면 그것은 하나님의 무계획성을 드러낸 것이고, 완전성을 심각하게 훼손하는 모순이다. 그리고 성경에 보면 하나님이 천지창조를 하루 만에 완성한 것이 아니라 6일 만에 완성한 것으로 되어있는데, 전지전능한 하나님이 굳이 6일씩이나 걸려서 천지를 창조한 이유는 뭘까? 힘이 달려서 일까? 그렇다면 이것도 하나님의 전지전능성을 심각하게 훼손하는 모순이다. 사실은 신발에 발을 맞춘 것이다. 즉 6일간 일하고 하루 쉬는 유대인들의 생활문화 사고로 성경을 창작하다보니 그렇게 된 것이다.

원시 인간의 상태에서는 남녀의 생식기가 한 몸에 있어서 누구나 성적 결합 없이 임신이 가능했을 했을 것이다. 그런데 환경의 변화에 따라 생존 경쟁이 점점 치열해지면서 외부 일(사냥, 전투 등)과 내부 일(가사, 육아 등)에 대한 역할 분담의 필요성이 생겼고, 기능 분담에 따라 남녀가 분화됐을 것이다. 아기 낳기를 좋아하는 암수동체 인간은 점차 고환이 쇠퇴해서 여자로 변하고, 사냥하기를 좋아하는 암수동체 인간은 고환이 더욱 발달하여 남자로 변했을 것이다. 지금도 가끔 하체는 남자이며 상체는 여자인 혼성이 태어나며 또 남녀의 성기를 모두 가진 양성인도 태어난다. 의학계에서는 이것을 돌연변이로 진단하지만 사실은 이것은 인간의 원래 모습이고, 오늘날 정상이라고 생각하는 자웅이체가 오히려 원래의 모습에서 분화하고 진화한 것이다. 진화의 과정에서 남녀의 구분은 점점 더 분명해지고, 주로 집안에서 생활을 하는 여자들은 바깥에서 생활하는 남자들보다 신체적으로 점점 더 약해진 것이다.

생명체는 살아남기 위해 환경에 따라 자신의 생활양식을 바꾼다. 그리고 생활양식이 바뀌면 거기에 맞추어 진화가 이루어진다. 그러므로 진화는 바뀐 환경의 결과이지 생명체의 애당초 의도는 아니다. 다시 말해서 진화하려고 생활양식을 바꾼 것이 아니라 생활양식을 바꾸다 보니 저절로 진화하게 된 것이다. 이런 맥락으로 인간이 직립하도록 진화한 것은 애당초 직립이 인간다운 모습이라고 의도해서 일부러 일어선 것이 아니라, 네발로 기어 다니던 인간이 나무열매를 따먹기 위해 계속해서 일어서려고 노력한 결과 허리가 점점 펴져서 직립하게 되었다.

생물학적으로 볼 때 정자와 난자가 결합된 수정체는 남자와 여자의 성질(유전자)을 공유하고 있다. 그런데 남자의 성질이 우성으로 나타나고 여자의 성질이 열성으로 나타나면 소위 남자로 태어나고, 그 반대가 되면 여자로 태어난다. 이와 같이 인간은 원초적으로는 혼성(양성)이지만 성질(유전자)의 우열에 따라 남녀로 분별되는 것이다. 이렇게 태어나서 사람은 유아기에는 남녀의 징후가 뚜렷하지 않다가 청소년기, 청년기, 장년기에는 남녀의 징후가 뚜렷하고, 늙어지면 또 다시 남녀의 징후가 비슷해진다. 이는 다시 말하면 인간은 누구나 남녀의 씨앗을 함께 가지고 있으나 존재하는 동안 어떤 호르몬이 더 많으냐에 따라 남자 또는 여자의 모습으로 살다가 죽는 것이다.

대부분의 동물들도 인간과 마찬가지로 처음에는 암수 동체였다가 필요성에 따라 암수로 분화되었고, 암수 기능이 전문화된 동물만 살아남고 그렇지 못한 동물들은 도태되었다.

이렇게 말하면 기독교에서는 노발대발할 것이다. 왜냐하면 성경은 하나님이 인간을 지을 때 자신의 형상을 따라 완전하게 지었다고 기록하고 있기 때문이다. 기독교는 하나님의 위대함을 강조하기 위해서 창조를 주장했고, 인간들에게 겁을 주어 순종하게 하려고 종말을 주장했다. 그런데 종말은 위대한 하나님이 자신의 작품에 불만을 품고 그것을 망가트린다는 것인데 그렇게 되면 완전한 하나님이 자신의 실수를 스스로 인정하는 모순이 발생한다. 기독교는 자신의 신도들을 겁주기 위해서 종말을 주장함으로써 자신이 받들어 모시는 신의 완전성에 흠결을 만들었다. 이것은 기독교가 자신의 목적을 달성하기 위해서 자신이 모시는 신일지라도 이용할 수 있다는 것을 의미하며, 좀 더 확대해석하면 우리 민족은 물론 온 지구인이 함께 떠받드는 하늘에 계신 님 즉 '하느님(지구인의 신)'을 기독교가 기독교인들만 사랑하는 편협한 '하나님(여호와 : 기독교의 신)'으로 개조했다는 것을 암시한다.

생명은 탄생(창조)과 진화만 하는 것이 아니라 퇴화와 멸종(종말)도 한다. 따라서 진화와 퇴화는 우주의 변화의 과정에서 나타나는 자연스런 현상에 불과하다. 물질세계에서 열역학 제2법칙과 반열역학 제2법칙이 공존하면서 작동하듯이 생명체에서도 창조와 진화는 물론 퇴화와 종말이 공존하면서 끊임없이 변화하고 있는 것이다. 그러므로 우주에는 열역학 제2법칙이나 창조와 진화처럼 한쪽으로만 가는 법칙만 홀로 존재하지 않고 항상 양방향으로 흐르면서 끊임없이 변화하는 순환만이 존재한다.

　곤충의 탄생 과정은 좀 특이하다. 곤충은 알을 낳고 부모가 죽은 다음에 알이 부화해서 애벌레가 되었다가 곤충이 된다. 그들은 부모로부터 학습을 받지 않지만 모두 부모와 똑같은 행동을 반복한다. 그것은 곤충의 유전자 속에 삶에 대한 정보가 저장돼있기 때문이다. 기본적으로 모든 생명체는 유전자의 정보에 의해서 부모와 비슷한 형태, 체질, 성품, 지적 능력 등을 가지고 유사한 삶을 반복(순환)하게 되는데, 생물학자들은 생명과 그 다음 생명 사이의 변화를 진화라고 부른다.

　인간은 남녀로 분화하면서 생존 기능의 효용성은 가져왔지만 동시에 분리에 의한 불안증도 가져왔다. 그래서 발생한 것이 사랑이라는 다발성 질환이다. 거의 모든 사람들이 그러하듯이 계절이 바뀔 때면 감기 바이러스와 함께 사랑의 바이러스가 작동하여 몸과 마음을 괴롭힌다.

　이상과 같이 인간이 불완전한 것은 우주의 불균형에 그 기원을 두고 있다. 우주는 전체적으로 균형을 이루는 것 같지만 부분적으로는 항상 불균형을 이룬다. 그래서 우주는 끊임없이 변화(순환)하는 것이다. 인간은 그런 우주의 아주 작은 산물이기 때문에 불완전할 수밖에 없다. 다만 우리가 철학적으로 또는 관념적으로 행복하게 살려면 그 불완전함을 완전함으로 받아들이면 된다. 그러면 모든 것이 완전해진다.

▼ 성적인 쾌감은 전기적 감응의 일종이다

부부간의 건전한 성적인 교합은 두 사람의 유대를 강화해주는 중요한 요소다. 그런데 이것이 부부가 아닌 사람들 사이에도 자제가 잘 안 돼서 많은 사회적인 물의를 일으킨다. 원래 성적인 교합은 종족 보존을 위해서 행하는 것인데, 그런 본래의 목적을 초월하는 엉뚱한 목적으로 빈번하게 사용됨으로서 많은 문제를 만든다. 음양의 문제는 참으로 통제하기 어렵다. 아마 종족보존과 번성을 위해서 매우 강력한 기제(mechanism)가 작동해서 뇌의 이성적인 판단 회로가 차단되는 모양이다. 그것을 역으로 해석하면 그런 강력한 기제가 작동하는 생물만 종족을 보존해서 살아남고 그러지 못한 생물은 도태한 것이다.

인간이 느끼는 쾌감은 사실은 통증과 일맥상통한다. 똑같은 자극이지만 자극이 약하면 쾌감으로 느끼고, 자극이 강하면 통증으로 느낀다. 부드럽게 두드리면 안마가 되고 강하게 두드리면 폭력이 된다. 따뜻한 목욕물은 상쾌하지만 뜨거운 물에는 화상을 입는다. 적당한 양의 고춧가루는 칼칼한 맛을 내지만 양이 지나치면 고통을 느낀다. 술을 마시고 오는 어지러움은 쾌감이지만 빈혈로 오는 어지러움은 고통으로 느낀다. 그 둘 다 사실은 혈액 속의 산소결핍으로 오는 현상인데 사람들이 선입관을 가지고 느끼므로 다르게 느끼는 것이다. 그러나 사실은 마음 편하게 받아들이면 빈혈의 현기증도 쾌감으로 느껴진다. 목을 매서 자살하는 사람은 죽는다는 두려움만 없다면 통증을 느끼지 못한다. 왜냐하면 산소 결핍은 마취효과를 발생시키면서 쾌감으로 느껴지기 때문이다. 인간이 인식하는 느낌은 물질이 인간에게 주는 자극을 인간의 방법으로 전환해서 인식하는 것이므로 실제로는 물질의 변화만 존재하며, 그 물질의 변화에서 오는 느낌은 인간이 만들어 내는 것이고 별개로 존재하는 것이 아니다.

남녀의 성 교합도 조금 깊이 들여다보면 그렇게 통제 불능의 묘한 현상이 아니다. 성 교합을 할 때에 일어나는 쾌감은 사실은 전기감전 현상에 불과하다. 전류가 약하면 쾌감으로 느껴지고 전류가 강하면 고문으로 느껴진다. 남자 성기의 돌출부는 발전기의 자석 역할을 해서 그것이 왕복하면 기전력이 발생하여 생체전기의 전압이 올라가고, 그러면 생체전기가 평소보다 많이 흘러서 가벼운 감전 현상을 일으키며 의식이 몽롱해지는 것이다. 즉, 남자 몸의 전위가 높아지면 생식 세포와 함께 방전하면서 짜릿한 쾌감(사실은 감전에 의한 통증)을 느끼는 것이다. 자신의 손이나 물리적인 도구로 성기를 적당히 자극하면 묘한 느낌이 일어난다. 성적인 쾌감은 물질에 의해서 일어나는 단순한 전기적인 감응에 불과하다는 것을 알 수 있다.

우리는 별것 아닌 단순한 감전 현상에 도취해서 품위를 떨어트리는 행위를 자주하게 되는데, 앞으로 성 교합에서 느끼는 묘한 기분은 단순한 물리적인 감전 현상이라고 생각하면 성적 유혹의 상태에 빠졌을 때 스스로를 통제하여 그것으로부터 자유로워 질 수 있을 것이다.

여성들의 입장에서 볼 때 성 교합은 여성에게 출산의 두려움을 망각하게 하려는 남자들의 전기 고문에 불과하다. 그런데 여자들 중에는 나이가 들어가면서 고문 도중에 기절을 해도 좋으니까 강한 전기로 고문해 주기를 바라는 '원초적 본능'의 중년 아줌마들이 은근히 많다고 한다. 배터리가 시원찮은 요즘 남자들로서는 큰 걱정이 아닐 수 없다.

젊은 여성들이여! 서로 신뢰하며 영원히 동고동락을 함께한다는 공개적인 약속(결혼)을 동반하지 않는 성 교합은 남성보다는 여성에게 더 큰 상처를 남길 수 있으니, 상대에게 나의 몸과 마음을 바치는 성스러운 의식이 아니라면 아름다운 당신의 몸과 마음에 상처를 남기는 남자들의 전기 고문에 함부로 응하지 말기를 바란다.

사람들은 대부분 결혼이 사랑의 결과이거나 혹은 사랑의 유지를 위해서 필요하다고 생각한다. 그러나 사랑과 결혼은 출발점이 전혀 다른 개념이다. 사랑은 자연의 산물이고, 결혼은 인간이 만든 제도인데 이질적인 두 요소를 무리하게 결합함으로서 오히려 부작용이 많이 생긴다. 사랑은 다발성 질환이고, 이 질환을 1회로 줄이려고 개발한 백신이 바로 결혼인데 이 백신의 효과가 신통치 않다. 그래서 사랑이라는 질환의 증상이 오래갈 것으로 믿고 결혼(해지기간이 명시되지 않은 장기 동업계약)을 덜컥 하면 매우 위험하다. 결혼계약에 필요한 것은 일시적인 질환 증세에 불과한 사랑이 아니라 장기 동업계약에 대한 이해와 약속을 지킬 수 있는 품성이다. 결혼에 있어서 품성이 기본이고, 사랑과 환경은 옵션이다. 기본을 갖추고 옵션도 모두 장착한다면 금상첨화라고 생각할지 모르지만 모두 갖춘 사람과의 결혼은 오히려 위태롭다. 왜냐하면 품성과 환경을 모두 갖춘 사람에게는 항상 사랑의 외적이 끊임없이 쳐들어오기 때문이다.

기독교 교리는 이혼을 금하고 있다. 기독교가 이혼을 금한 이유를 정확하게 알려면 성경이 만들어진 2천 년 전의 사회 상황을 알아야한다. 성경은 여자와 아이를 포함한 노약자들은 사람의 숫자를 셀 때 포함하지 않았다. 전쟁에서 싸울 수 있는 힘센 남자의 숫자가 진정한 인구 숫자였기 때문이다. 그때는 여자를 마치 남자들이 기르는 애완동물쯤으로 여겼고, 그래서 이혼하지 말라는 것은 기르던 애완동물을 버리지 말라는 것과 같았다. 하지만 오늘날은 상황이 바뀌어 여권이 신장했고, 오히려 남자가 부인에게 학대받는 경우가 빈번하다. 그러므로 오늘날의 이혼은 약자를 내팽개치는 부도덕이 아니라 불행한 부부가 독립과 자유를 획득하는 행복추구권이다.

성에 대해서 언급한 김에 남자의 바람기에 대한 편견에 대해서 이야기 해보겠다. 흔히들 남자는 바람기가 많다고 한다. 그런데 동물 세계에서 보면 대개가 암컷이 먼저 수컷을 유혹한다. 암컷이 가임기가 되고 호르몬이 분비되면 수컷이 그 냄새를 맡고 발정을 한다. 결과적으로 암컷이 먼저 유혹하는 것이다.

인간은 어떤지 살펴보자. 우선 결과만 가지고 수학적으로 논해보겠다. 많은 남자가 바람을 피웠다면 적어도 그 대상에 있어 그만큼의 여자도 바람을 피웠다는 얘기다. 심지어 남자는 바람기로 인해 여러 여자와 바람을 피우고, 여자는 순정적으로 한 남자와만 바람을 피운다면 결과적으로 바람을 피운 여자의 숫자가 남자의 숫자보다 몇 배나 더 많아진다. 그런데 남자는 부주의해서 들통이 나고, 여자는 치밀해서 들통이 안 난 것일 뿐이다. 폭행 사건이 나면 화를 돋우거나 원인을 제공한 사람은 처벌하지 않고 폭력을 행사한 사람만 처벌한다. 남녀의 바람에서도 유혹한 여자는 무죄고 유혹에 덤벼든 남자만 유죄로 취급한다. 바람은 누구 한편의 책임이 아니라 한 쪽은 수동적으로 행동하고 한 쪽은 능동적으로 행동한 차이만 있을 뿐이다. 양쪽 다 공동책임인 것이다. 카사노바의 일화에서 나타나듯이 바람 피운 남자는 한 명이지만 여자는 수백 명이나 된다. 그런데 대부분의 여자들은 마치 남자만 바람을 피우는 것처럼 말한다. 여자 없이 어떻게 남자만 바람을 피우겠는가?…

인간이 조물주의 작품이라면 성적인 본능은 신이 인간을 노예로 만들기 위해서 인간에게 침투시켜놓은 악성코드이다. 인간은 불완전하게 창조되어서 성추행이나 간음을 비롯해서 성범죄를 짓기 마련이고, 죄를 지은 인간이 천국에 가려면 조물주에게 노예처럼 충성할 수밖에 없기 때문이다. 조직 깡패나 마약 상인들이 사람들을 노예처럼 부려먹거나 이익을 취하기 위해서 마약으로 중독 시키는 것과 비슷한 논리다.

▼ 진정한 존재성은 그 이름의 기억에 있다

인간이 살면서 지향하는 목표가 무엇일까? 사람마다 다소간의 차이는 있겠지만 대체로 인간은 아무 흔적도 없이 평범하게 살다가 죽는 것을 원하지 않는다. 그래서 자신만이 가지는 독특한 정체성을 확립할 뿐만 아니라 자신의 존재성을 세상에 높고 넓게 드러내려고 한다. 맹수들도 자신의 소변 냄새나 체취 등을 통해서 자신의 정체와 존재를 주변에 노출 혹은 과시한다. 그러면 인간은 어떻게 자신의 정체성을 확립하고 또 자신의 존재성을 세상에 드러낼까?

인간이 동물들과 다른 점이 많지만 그 중 가장 큰 차이점은 자유로운 언어를 구사한다는 점이다. 사람이 처음 어떤 단어를 만들 때, 특히 명사를 만들 때는 그 단어의 대상이 되는 실체가 있어야 한다. 그런데 상당수가 실체의 확인 없이 막연히 그런 것이 있으리라고 상상을 하고 의사소통을 위해 이름을 짓는 경우가 많다. 대표적인 것이 영혼이라는 추상명사이다. 존재여부를 확실히 알지도 못하면서 '영혼'이라는 단어를 만들어내어 많은 사람들이 그 것에 집착하고 매달리며 시간과 에너지를 소모해왔다. 노자의 도덕경에 보면 '어떤 단어를 최초로 사용한 사람이 그 단어의 실체를 창조한 것이다.'라는 구절이 있다. 노자의 말대로라면 '영혼'이라는 단어를 처음 사용한 사람이 결과적으로 '영혼'을 창조한 것이 된다. 어떤 제조업자가 새로운 제품을 개발하고 그 제품에 이름을 붙인 것과 같다.

고도로 발달한 현대의학도 인간의 영혼이 우리 신체의 어디에 존재하는지 확인하지 못하고 있다. 그런데 현대 물리학의 이론을 빌려서 영혼을 분석해 보면 영혼은 에너지양자로 구성되어 있어야 마땅하다. 에너지양자는 부피는 있으나 질량이 없는 존재이다. 질량이 없으면 관성이 없고, 관성이 없으면 무한소의 힘에도 무한대로 이동하기 때문에 자신을 보호하지 못한다. 자신을 보호하려면 상대에게 저항할 능력이 있어야 하고 그 능력이 바로 관성과 관성력이다. 만약에 힘은 매우 강하지만 몸무게가 작은 사람이 있다면 그는 자신의 능력을 잘 사용하지 못한다. 자신이 상대를 밀려고 하면 오히려 자신이 밀려나기 때문이다. 쉽게 설명하면 물위에 떠있는 어른과 땅위에 있는 어린이가 줄다리기를 하면 오히려 힘센 어른이 아이에게 끌려오는 것과 같다. 능력이란 저항력과 함께 존재할 때에 유효하다. 그런데 영혼은 저항력이 없는 존재이므로 다른 개체에 어떤 영향력을 미치지 못한다. 따라서 물리학적으로만 볼 때는 영혼은 인간의 육체에 어떤 영향력을 행사할 능력이 없는 존재이다.

그렇다면 인간의 정체성은 무엇으로 확인할 수 있을까? 그 사람의 육체, 그 사람의 정신, 그 사람의 영혼, 그 사람의 기억 … 단지 육체로 그 사람의 정체성을 규정한다면 뭔가 많이 부족한 느낌이 든다. 그렇다고 영혼이나 정신으로 그 사람의 정체성을 규정하면 앞에서 살펴보았듯이 너무 추상적이다. 그렇다면 기억은 어떤가? 기억은 영혼이나 정신과 연관이 있으면서 좀 더 구체적이다. 물리학적 시간개념으로 볼 때 과거는 어디에 별도로 존재하는 것이 아니므로 나의 과거에 대한 모든 기억이 내 머리 속에서 지워지면 현재의 나는 다만 숨 쉬는 고깃덩어리에 불과하다. 많은 사람들이 '나는 누구인가?' 혹은 '나는 무엇인가?'라는 자신의 정체성을 파악하기 위한 화두로 끊임없이 고민한다. 그에 대한 물리학적 대답은 이렇다. 나에 대한 기억이 바로 나다.

컴퓨터와 텔레비전의 근본적인 차이점이 무엇인가? 컴퓨터에는 기억장치가 있고 텔레비전에는 기억장치가 없다는 것이다. 텔레비전처럼 일반적인 기계는 유사한 다른 제품과 교환해서 사용해도 별 문제가 없지만 컴퓨터는 여러 가지 데이터가 축적(기억)되어있기 때문에 다른 것과 함부로 교환할 수 없다. 이번에 국가적으로 커다란 문제를 야기한 국정농단 사건에서 특정 개인이 사용한 컴퓨터 한 대가 결정적인 단서를 제공해서 대통령을 탄핵할 수 있었다. 만약에 컴퓨터가 텔레비전처럼 특별한 정체성이 없는 일반적인 기계였다면 국정농단에 대한 아무런 증거가 되지 못했을 것이다. 그와 같이 사람도 자신이 가지고 있는 기억(자료)에 의해서 남들과 다른 자신의 고유한 정체성이 확립되는 것이다.

사람도 나의 육체가 태어나면서 처음부터 정신적인 내가 함께 존재하는 것이 아니라 나의 이름이 정해지고 경험과 지식이 축적되면서 나의 정신적인 존재가 형성되는 것이다. 시장에서 처음 사온 컴퓨터는 남의 컴퓨터와 똑같지만 그 컴퓨터에 나만의 프로그램과 데이터가 축적되면서 나 자신만의 컴퓨터가 되듯이 사람도 태어나서 이름이 지어지고 그 이름에 나만의 데이터와 프로그램이 축적되어서 진정한 내가 된다. 육체라는 하드웨어(조합)에 정신이라는 소프트웨어(순열)가 프로그램화 되면서 나의 정체성이 확립되는 것이다. 그러므로 인간의 육체가 살아있어도 기억이 없다면 그 사람의 정체성이 사라지고 소위 식물인간처럼 되므로 살아있음이 무의미해진다.

컴퓨터가 자신만의 데이터에 의해서 정체성이 확립되듯이 인간의 정체성도 자신에 대한 기억(정신)에 의해서 확립되지만 자신의 존재성이나 존재가치는 타인이 가지고 있는 자신에 대한 인식에 의해서 확인되므로 타인이 자신에 대한 자료를 어떻게 저장하고 인식하느냐가 매우 중요하다. 그런데 사람도 타인을 인식하는 방법은 컴퓨터와 비슷하다. 컴퓨터가 어떤 자료를 축적할 때에 그 파일의 이름을 정하고 그 속에 자료를 저장하듯이 사람도 타인에 대한 자료를 저장할 때에 그 사람의 이름으로 된 파일 속에 저장한다. 사람은 자신의 이름으로 타인에게 저장되어 있는 자료에 의해서 자신의 존재성이 인식되기 때문에, 자신의 이름을 다른 사람들 앞에 떳떳하게 내놓을 수 없다면 육체의 생명이 살아있어도 죽은 것과 같고, 자신의 이름이 많은 사람들에게 아름다운 사람으로 기억된다면 그의 육체는 비록 죽어도 그는 여전히 살아 있는 것과 같다.

호랑이는 죽어서 가죽을 남기고 사람은 이름을 남긴다고 했는데 많은 사람들이 그 사람의 이름을 아름답게 기억한다면 그의 존재성은 여전히 가치를 가지고 살아있는 것이다. 세종대왕이나 이순신장군이 우리들의 마음속에서 언제나 살아있듯이 어떤 사람이 학자로서 이론을 남기거나, 실천가로서 모범을 보이거나, 예술가로서 작품을 남김으로써 후세들이 존경하는 사람으로 그의 이름을 기억할 때, 혹은 그렇게 유명인은 못되더라도 성실한 사람으로, 따뜻한 이웃으로, 멋있는 선배로 그 사람의 이름을 다른 사람들이 기억하고 그리워한다면 그는 죽지 않고 살아있는 것이며 그의 존재성은 여전히 그리고 영원히 유지되는 것이다.

제 2 장
우주에 대하여
과학의 우주학

Cosmology Study in Science

▼ 우주와 생명에 관한 질문 40가지

Cosmology Study in Science

질문1 빅뱅이 성립되려면 우선 점으로 된 작은 우주가 있어야 한다. 과학자들은 우주 전체를 하나의 점으로 수축시키고 있던 힘이 외력이었는지 아니면 내부의 응집력이었는지 밝혀야 한다. 만약에 수축력이 외력이었다면 텅 빈 우주의 외부에서 어떻게 외력이 작용했으며 그 외력이 왜 갑자기 사라져서 폭발(빅뱅)이 시작되었는가? 그리고 자체적인 응집력(만유인력)으로 우주를 수축하고 있었다면 힘의 균형을 이루고 있던 점으로 된 우주가 어떻게 외부의 도움이 없이 그 엄청난 응집력을 극복하고 스스로 팽창을 시작할 수 있었는가?

질문2 질량이 변해서 에너지로 바뀐다는 $E=mc^2$이라는 공식이 있다. 만약에 이 공식에 따라서 물질양자가 에너지양자로 변환할 때에 물질양자의 크기가 점진적으로 줄어들면서 새로운 에너지양자가 생성된다면 최소한의 기본 단위라고 정의한 양자의 개념이 사라지게 된다. 그러므로 양자이론과 에너지이론이 동시에 성립되려면 물질양자가 변화의 과정이 없이 곧바로 에너지양자로 변해야 가능하다. 그런데 양자는 불연속적이고 변화는 연속적이어야 하므로 양자와 변화는 공존할 수 없다. 양자이론에 부합하려면 물질양자가 변하는 과정이 없이 에너지양자로 변해야 되는데 과정이 없는 변화가 발생할 수 있겠는가?

질문3 과거와 미래의 사이에 현재가 존재한다. 그런데 현재라는 시간에 최소한의 기간이 있다면 현재 속에는 다시 과거와 현재 그리고 미래가 공존하게 되는 모순이 발생하므로 현재라는 시간은 기간이 제로인 시간이어야 한다. 여기서 현재의 기간이 제로라면 현재는 존재하지 않는 시간이며, 현재가 존재하지 않는다면 과거와 미래도 존재할 수 없다. 이것을 어떻게 설명할 것인가?

질문4 만약 타임머신을 개발했다면 동서남북 혹은 위아래 중에서 어느 방향으로 타임머신이 비행해야 과거를 만날 수 있을까? 그리고 만약에 타임머신이 과거를 만난다면 과거가 어딘가에 보관돼있을까 아니면 현재의 모든 것이 과거로 바뀌는 것인가? 논리적으로 볼 때 수많은 과거를 모두 보관해 둘 수는 없으니까 현재가 과거로 바뀌어야 하는데, 현재가 과거로 바뀌면 타임머신은 물론 탑승자도 과거로 돌아가야 되고, 그러면 타임머신은 분해되고 탑승자도 과거의 몸과 기억으로 돌아가서 자신이 미래에서 왔다는 사실조차도 모르고 똑같은 과거를 다시 반복해야 된다. 그런데 탑승자만 과거로 돌아가는 것이 아니라 온 인류가 모두 과거로 돌아가야 하는데 그것이 가능하겠는가?

질문5 상대성이론에 의하면 지구보다 중력이 약한 우주 공간에서는 시간이 지구보다 빨리 간다고 한다. 그러면 어떤 사람이 지구에서 살다가 중력이 약한 우주 공간에서 10년간 살고 다시 지구로 오면 그 사람의 시계는 지구의 시계보다 앞선 시간(미래)을 표시하고 있을 터인데 그 사람은 자신의 시계처럼 미래에서 살고 있는 것인가 아니면 지구의 시계처럼 현재에서 살고 있는 것인가? 지구의 중력에 맞도록 제작된 시계가 중력이 변한 다른 공간에서 오작동한 것인가 아니면 실제로 시간이 빨리 간 것인가?

질문6 우주의 모든 만물이 정지해서 아무런 변화가 없다면 시간이 혼자서 흘러가지 못할 것이다. 모든 것이 정지돼서 물질에 변화가 없을 뿐만 아니라 사람의 기억이나 의식이 그대로 있고 신체도 노화되지 않고 있는데 시간만 혼자서 흘러간다면 시간의 변화는 무슨 의미를 가지겠는가? 수학적인 표현으로 바꾸어서 질문을 다시 한다면, 시간은 사물의 종속변수인가 아니면 독립변수인가? 시간이 사물의 종속변수라면 시간과 사물의 함수관계는 어떻게 성립되는가?

질문7 GPS 시스템에서는 상대성이론에 따라서 지구 표면과 상공의 시간차이를 보정한다. 그런데 시간이 빅뱅 이후부터 작동했다면 그때부터 발생한 시간 차이는 엄청난 양인데 왜 인공위성이 만들어진 이후의 시간 차이만 보정하는가? 그리고 빅뱅 이후 혹은 지구가 생긴 이후의 시간 차이만 계산해도 지구 표면과 우주 공간은 엄청난 시간의 차이가 발생하는데 왜 우주선과 우주선을 타고 있는 사람은 우주 공간에서 과거나 미래의 모습으로 변하지 않는가?

질문 8 공중에 떠 있는 물체는 질량의 크기와 상관없이 외력을 받으면 운동해야 한다. 그리고 태양(m)과 지구(m') 사이에 작용하는 만유인력($f=gmm'/r^2$)은 지구에만 작용하는 것이 아니라 태양에도 함께 작용하므로 태양에 작용하는 만유인력을 힘과 가속도의 공식($f=ma$)에 대입하면 태양의 가속도($a=gm'/r^2$)가 계산된다. 그런데 왜 태양은 운동을 하지 않고 버티는가?

질문 9 지구의 공전운동에서 외력(구심력)과 저항(원심력)은 작용과 반작용으로서 크기가 항상 같고 방향이 반대여야 한다. 그런데 지구의 공전에서 구심력(만유인력)의 공식과 원심력의 공식($f=mv^2/r$)이 따로 존재한다는 것은 두 개의 힘(작용과 반작용)의 크기가 같지 않게 되는 모순이 생긴다. 그렇다면 구심력의 공식과 원심력의 공식 중에서 하나를 버려야 하는데 어느 것을 버려야 하는가?

질문 10 소리는 바람에 의해서 휘어진다. 소리와 바람은 같은 소재(공기)로 만들어지기 때문이다. 그런데 빛도 중력에 의해서 휘어진다. 그렇다면 빛과 중력도 같은 소재로 만들어졌을 가능성이 있다. 그리고 빛이 중력에 의해서 휜다는 것은 빛이 중력에 의해서 가속이나 감속도 가능하다는 증거다. 중력은 진공 속에서도 작동하는데 빛이 어떻게 진공 속(우주 공간)에서 중력의 영향을 받지 않고 등속을 유지할 수 있는가? 그리고 중력은 물질의 무게를 만들어 내는 힘이며 물질에만 작용한다. 그런데 어떻게 중력이 에너지의 파동이라고 알려진 빛에 작용할 수 있을까?

질문11 빛이 반사되려면 빛의 속도에 감속과 가속이 순차적으로 발생해야 가능하며 따라서 빛의 속도가 일정하지 않다는 것을 의미한다. 빛이 반사될 때에 반사 물체에 복사압이 작용한다는 것은 역으로 빛도 복사압만큼의 힘(외력)을 반작용으로 받는다는 것을 입증한다. 그렇다면 빛도 외력(복사압의 반작용)에 의해서 변속이 일어나는 것이다. 과학자들은 짧은 거리에서 빛의 속도를 측정하고 빛이 등속으로 간다고 가정해서 빛의 속도를 초속 30만 킬로미터라고 계산했는데 그러려면 먼저 빛이 등속으로 간다는 것을 증명해야 한다. 그리고 빛이 정말로 등속으로 운동한다면 빛에는 저항이 없다는 것이고, 저항이 없다면 반사나 굴절도 없이 끝까지 직진해서 우주 밖으로 나가버려야 옳다. 중성미자는 물질이지만 모든 물체를 거의 무저항으로 관통하는데 에너지양자로 된 빛이 왜 얇은 종이 한 장도 관통하지 못하는가?

질문 12 과학자들의 이론대로라면 우주의 모든 물체는 그 물체가 존재한 이후부터 계속해서 만유인력(중력)과 광자(원적외선과 같은 비가시광선 포함)를 발사하고 있다. 그런데 물체가 그렇게 끊임없이 에너지를 소모하고 있는데도 물체의 질량은 전혀 줄어들지 않는 신비한 현상이 일어난다. 만유인력과 광자를 계속 발사하고 있는 물체의 질량에 아무런 변화가 없다면 역으로 그 물체는 만유인력과 광자를 발사하지 않았음이 증명된 것이 아닌가? 그리고 만유인력과 광자를 제조하고 발사하는 시스템이 물체 안에 어디에 어떤 형태로 존재하는가?

질문 13 과학자들이 주장하는 끈 이론에 의하면 끈의 진동상태에 따라서 여러 가지 힘이나 상태를 만들어 낸다고 한다. 그런데 끈이 진동하려면 탄성을 가져야 하는데 끈과 같은 기본물질(단일물질)은 탄성을 가질 수 없다. 왜냐하면 탄성은 물체의 변형에 의해서 생기는 것이 아니라 기본물질들의 거리가 바뀌면서 발생하므로 기본물질 자체에는 탄성이 있을 수 없기 때문이다. 그런데 비탄성체인 끈이 어떻게 진동을 할 수 있는가?

질문 14 탄소 원자와 산소 분자가 결합하면 이산화탄소가 되면서 열이 발생한다. 탄소와 산소의 온도(열에너지)가 함께 올라갔다면 열역학 제1법칙이나 제2법칙 중에서 하나를 어긴 것이다. 만약에 이산화탄소가 자신들보다 온도가 낮은 외부로부터 열을 흡수해서 온도가 올라갔다면 2법칙을 어긴 것이고, 자체적으로 열이 발생했다면 1법칙을 어긴 것이다. 그리고 소금이나 설탕이 물속에서 농도가 낮을 때는 녹아서 잘 퍼지지만 농도가 올라가면 다시 결정으로 바뀌면서 열역학 제2법칙과 반대로 무질서도가 감소한다. 생명이 탄생할 때, 별이 생성될 때, 기체가 액체로 바뀔 때, 액체가 고체로 바뀔 때, 핵융합이 이루어질 때에는 모두 열역학 제2법칙과 반대로 무질서도가 감소하는데 왜 그런가? 열역학 제2법칙이 항상 성립된다면 우주의 모든 물질은 궁극적으로 같은 온도와 같은 엔트로피를 유지해야 하는데 왜 그러지 않는가?

질문 15 과학자들은 공기의 대류 현상을 설명하면서 공기의 온도가 오르면 비중이 작아져서 위로 올라간다고 주장한다. 그런데 공기는 이웃 공기와 집단으로 다투는 것이 아니고 개별적인 분자들끼리 1:1로 다투므로 집단적인 개념에 불과한 비중은 공기의 대류 현상과 아무런 상관이 없다. 공기의 온도가 올라가면 비중만 작아질 뿐이며 개별적인 분자의 무게는 변화가 없으므로 온도는 공기의 대류에 아무런 영향을 주지 못한다. 그런데 왜 온도가 높은 공기가 위로 올라가는 것인가?

질문 16 공기 분자들의 질량이 서로 달라서 무거운 분자가 모두 아래쪽에 몰려야 하는데 왜 공기 조성비는 일정하게 유지되는가? 열역학 제2법칙에 따라서 그런 현상이 일어난다고 궁여지책으로 설명할 수 있는데 그렇다면 질문을 바꾸겠다. 열역학 제2법칙은 왜 성립되는가?

질문 17 과학자들의 말에 의하면 토네이도는 따뜻한 공기가 상승하면서 생긴다고 한다. 그런데 왜 활동 중인 화산이나 대형 산불의 상공에서 토네이도가 발생하지 않는가? 그리고 토네이도의 중심부는 준 진공상태(0.1기압 정도)다. 토네이도의 외부와 내부의 기압 차이를 극복하려면 두꺼운 강철판 정도의 구조체가 필요한데 단순히 공기가 회전하는 원심력으로 어떻게 기압 차이를 극복할까? 그리고 바다에서 발생하는 토네이도에서 거대한 물기둥이 수백 미터보다 높게 형성된다. 진공으로 끌어올릴 수 있는 물의 높이는 겨우 10 미터에 불과한데 왜 토네이도에서는 거대하고 높은 물기둥이 가능한가?

질문 18 회전하지 않는 팽이는 세워놓으면 넘어진다. 팽이에 작용하는 중력이 균형을 이루지 못하고 한 쪽의 중력이 더 크기 때문이다. 그리고 팽이가 회전하더라도 각 질점에 작용하는 중력의 크기는 정지하고 있을 때와 똑같고 그리고 팽이에 작용하는 외력은 여전히 중력 외에는 없다. 그렇다면 팽이가 회전하더라도 여전히 중력이 더 크게 작용하는 쪽이 계속 아래로 내려가야되고 나선형을 그리면서 넘어져야 한다. 느리게 회전하는 팽이는 무거운 쪽이 나선형을 그리면서 아래로 내려가서 넘어진다. 그런데 왜 빠르게 회전하는 팽이는 넘어지지 않는가? 팽이가 빨리 회전하거나 느리게 회전해도 팽이에 작용하는 중력의 크기는 변하지 않는데 나타나는 현상은 왜 다른가?

질문 19 돌멩이를 고운 가루로 갈아서 봉지에 넣고 공중으로 던져 올리면 돌멩이와 거의 같은 속도로 다시 낙하한다. 그런데 봉지에서 돌가루를 꺼내서 공중으로 던져 올리면 천천히 낙하할 뿐만 아니라 미세한 바람만 불어도 오히려 하늘로 날아가 버린다. 봉지에 들어있는 돌가루와 봉지 밖의 돌가루의 개별 입자에 미치는 중력과 부력의 크기는 똑같은데 왜 낙하현상은 다르게 나타나는가?

질문20 혜성에는 꼬리가 있다. 그런데 지구에서는 지구 중력에 의해서 대기와 해수는 물론 화산과 공장의 많은 분출물들이 지구와 함께 자전 및 공전을 하기 때문에 꼬리가 생기지 않는다. 과학자들은 혜성에 꼬리가 생기는 이유가 태양의 복사압 때문이라고 설명한다. 그런데 태양의 복사압은 혜성과 지구에 똑같이 작용하는데 왜 혜성에만 꼬리가 생기는가? 다시 말해서 매우 약한 태양의 복사압이 어떻게 강력한 혜성의 중력을 이기고 혜성의 부유물들을 혜성으로부터 분리시키는가?

질문21 질량이 똑같은 두 개의 별 사이의 만유인력을 1만 배로 증가시키려면 한쪽별의 질량을 1만 배로 증가시키면 되지만 양쪽의 별의 질량을 100배만 증가시켜도 가능하다. 두 개의 별(물체)의 에너지(힘)가 만나서 합으로 증가하지 않고 곱으로 증가한다는 것은 에너지보존의 법칙(총량보존의 법칙)을 위반한다. 두 개의 에너지(힘)나 질량이 만나서 서로 합해지는 것과 곱해지는 것 중에서 어느 것이 옳은가?

질문 22 만유인력이 우주의 모든 물체에 실시간으로 작용하려면 발사된 만유인력이 무한대의 거리까지, 무한대의 속도로, 무한대의 시간 동안, 무한개의 물체들에게 도착해야 하는데 그 능력은 어디서 나오는가? 만유인력의 작용 속도가 빛의 속도보다 무한배로 빨라야 우주의 모든 물체에 지체 없이 작용할 수 있다. 단 1개의 무한 조건도 만족시킬 수가 없는데 어떻게 만유인력은 여러 개의 무한 조건을 만족시키는가? 아인슈타인이 만유인력의 모순들을 보완하기 위해서 중력장(휘어진 공간)을 주장했다 그런데 만유인력은 모든 물체에 공격적으로 작용하지만 휘어진 공간은 정해진 공간을 이탈하는 물체에만 방어적으로 작용할 수 있으므로 정지한 물체에는 아무런 영향을 줄 수 없는데 정지한 물체에도 여전히 중력이 작용하는 이유는 무엇인가?

질문 23 완전한 무중력은 우주 전체의 물질에서 작용하는 만유인력을 모두 합해서 제로가 되는 한 점(우주의 중심점)에서만 성립된다. 그런데 우주선에서 보면 물체들이 둥둥 떠다니면서 거의 완전한 무중력 상태를 유지한다. 만유인력이 존재한다면 무중력 공간에서도 물체들은 자기들 끼리 엉겨 붙어야 하고 결국에는 모두 우주선의 벽체에 달라붙어야 하는데 왜 자유롭게 떠돌아다니는가?

질문 24 바람이 없으면 구름이 상공에서 움직이지 않고 가만히 떠 있다는 것은 구름이 지구의 자전과 같은 각속도로 지구를 공전하고 있다는 것이므로 실제로는 구름이 지구 표면보다 더 빠르게 운동하고 있다는 것을 보여 준다. 함께 공전하는 물체들이 같은 각속도로 운동하려면 회전 반경이 클수록 더 큰 구심력이 필요하다. 그런데 구름이 자신보다 만유인력(중력)을 더 많이 받는 지표면의 공기와 어떻게 같은 각속도로 공전하는가?

질문 25 태양과 행성들 사이에 작용하는 만유인력은 개별적으로 작용하며 특별한 방향성을 가지고 있지 않다. 태양계와 비슷한 구조를 가지고 있는 원자에서는 전자들의 운동 방향이 자유롭다. 전체를 일괄적으로 통제하는 어떤 다른 힘이 존재하지 않은 상태에서 태양계의 행성들이 우연히 똑같은 방향으로 운동할 확률은 제로에 가깝다. 그런데 태양계의 행성들은 각자 자유로운 운동을 하지 않고 왜 모두 단합해서 같은 평면에서 같은 방향으로 일사불란하게 공전 궤도를 유지하는가?

질문26 공기와 바닷물이 지구의 중력에 끌려서 함께 자전한다면 끌려가는 물질이 지구의 자전 속도보다 빠르게 운동할 수는 없다. 그런데 지구에서 규모가 가장 큰 편서풍과 남극 순환 해류가 왜 모두 지구의 자전 속도보다 빠르게 동쪽으로 운동하는가?

질문27 모든 물질은 무게가 있으므로 공중에 오래 머무르지 못한다. 공기도 무게가 있는데 왜 공중에 계속 떠 있는가? 다시 말하면 공기가 끊임없이 작용하는 중력 가속도를 이기고 공중으로 상승하는 운동력은 어디서 나오는가? 공기 중의 먼지나 오염물질은 어떤 이유에 의해서 일시적으로 상승했다고 하더라도 모두 땅으로 내려온다.

질문28 중력은 언제 어디서나 즉시 작용해야 정지한 물체는 물론 운동하는 물체에 정상적으로 작동할 수 있다. 실제로 지구 상공에서 물체를 자유낙하 시키면 지구와의 거리와 상관없이 지구 인력(중력)의 효과가 1초도 안돼서 즉시 나타난다. 그런데 바다의 조수가 달의 인력(중력) 때문이라면 달이 정상에 떠 있을 때에 만조가 발생해야 하는데 왜 4시간의 차이가 나는가?

질문 29 과학자들은 전자기 유도에서 2차 전류가 1차 전류에 의해서 발생하는 자기장의 증감을 방해하는 방향으로 흐른다고 설명한다. 그러려면 물질이 주변 상황을 예측하고 분석해서 자신의 행동을 결정하고 미리 대처하는 능력이 있어야 가능하다. 물질이 상황 분석 능력, 의사 결정 능력, 행위 시행 능력을 가지고 알아서 작동하는가?

질문 30 빛은 여러 가지 색을 섞으면 혼합(간섭)이 되고 전파도 여러 가지가 충돌하면 교란(간섭)이 된다. 그런데 빛과 전파가 모두 전자기파며 같은 양자(광자)에 의해서 전파된다면 빛과 전파가 상호 간섭이 일어나서 혼란이 와야 되는데 왜 독자성을 유지하는가? 전파는 전혀 이질적인 요소인 날씨만 흐려도 방해를 받는데 같은 종류인 햇빛에는 왜 방해(간섭)를 받지 않는가? 전파가 에너지양자의 파동이라면 왜 날씨(습도)와 상관이 있을까?

질문 31 모든 파동이 일정한 속도와 방향을 유지하려고 하는 것은 관성을 가지고 있기 때문이다. 그런데 관성은 물질(질량)에서 나온다. 빛이나 전자기파가 물질이 없는 에너지양자로 구성돼있다면 어떻게 관성을 가질 수 있는가?

질문 32 발전소에서 전력을 고압으로 송전할 때에 고압회로에는 부하저항이 없어서 합선 상태와 같으므로 고압선에 과전류가 흘러서 전기 도선이 녹아야 하는데 왜 그런 현상이 일어나지 않는가?

질문 33 발전소에서는 수력, 풍력, 화력, 원자력 등의 외압(힘)이 작용해서 전압을 일으키지만 공중에는 전압을 일으키는 장치나 외압이 없는데 번개가 일어날 때에 어떻게 고압이 발생하는가?

질문34 지자기가 남쪽에서 북쪽으로 흐르는 것에 앙페르의 오른나사 법칙을 적용해보면 지구 내부에 지구의 자전방향과 반대로 전류가 흐른다는 것을 추정할 수 있으며, 전류와 전자의 운동 방향은 반대이므로 전자가 지구의 자전방향으로 지구의 자전속도보다 빠르게 움직이고 있다는 것을 의미한다. 전자집단들이 지구의 자전속도보다 더 빠르게 지구의 자전 방향으로 운동하도록 만드는 힘은 어디서 나오는가?

질문35 초전도체에 전류를 투입한 후에 전류를 끊어도 전류가 계속해서 흐른다. 과학자들은 초전도체에서 저항이 사라지기 때문이라고 설명하는데 저항이 없다면 합선과 같은 상태이므로 순간적으로 무한 전류가 흐를 수 있지만 영구 전류가 흐를 수는 없다. 영구 전류가 흐른 다는 것은 전압이 지속적으로 작용하고 있기 때문인데 전압은 어떻게 발생하는가?

질문36 같은 전기를 띤 입자들은 서로 밀기만 한다고 한다. 그런데 대기의 상층부에 전리층(전자들의 거대한 집단)이 있는데 만약에 과학자들의 주장처럼 전자들끼리 밀기만 한다면 어떻게 전자들이 집단으로 모여서 층을 형성할 수 있을까?

질문37 우주에 있는 모든 물체에서 만유인력이 함께 작용하면 우주는 수축돼야 한다. 그런데 과학자들의 설명으로는 암흑에너지들이 별들 사이에서 우주의 수축을 막을 뿐만 아니라 오히려 우주를 팽창시키고 있다고 한다. 그런데 우주가 팽창을 계속하려면 새로 팽창된 공간에 암흑에너지가 채워져야 되고 그러지 않으면 팽창 속도는 등속도로 바뀌고 만유인력 때문에 감속이 돼서 우주는 다시 수축해야 된다. 우주가 가속 팽창하려면 우주 전체의 운동에너지와 암흑에너지가 함께 증가해야 하는데 그렇게 되면 에너지보존의 법칙이 깨어진다. 우주는 어떻게 에너지보존의 법칙을 어기고 가속팽창을 계속할 수 있는가?

질문38 식물들은 신체의 일부를 잘라서 땅 속에 심으면 대부분 뿌리를 내리고 또 하나의 독립된 생명체로 잘 자라난다. 인간도 장기를 기증하면 그 장기의 주인은 사망해도 장기들은 다른 사람들에게 이식돼서 주인의 생명과 상관없이 독립적으로 잘 살아 간다. 그렇다면 인간은 하나의 생명에 의해서 통제되는 단일 생명체인가 아니면 여러 생명체가 연합해서 함께 살고 있는 집단 생명체인가?

질문 39 뇌신경의 작동이 그치면 사람의 의식 작용도 정지한다. 그렇다면 의식은 신경의 일부인가 아니면 신경조직과 분리된 별개의 존재인가?

질문 40 아이를 낳지 않고 젖을 먹이지도 않는 남성의 가슴에 왜 젖꼭지가 있을까?

우주 탄생, 빅뱅도 창조도 아니다

Cosmology Study in Science

　만유인력이 성립되려면 우주의 모든 만유인력을 합해놓은 만큼의 힘이 우주 밖이나 혹은 내부에서 반대로 작용해 주어야 가능하다. 그러지 않으면 우주는 한없이 수축해서 모두 한 덩어리가 돼버려야 한다. 그런데 과학자들은 궁여지책으로 암흑에너지가 만유인력에 대항해서 우주의 수축을 막을 뿐만 아니라 오히려 팽창시키고 있다고 주장하는데 그것은 존재하지도 않는 만유인력을 정당화하기 위해서 만들어낸 조작된 이론이다.

　과학자들이 중력이나 암흑에너지 그리고 시간의 실체를 알면 빅뱅이론 같은 것은 주장하지도 않겠지만, 설혹 그런 것을 모른다고 해도 단 5분만 생각하면 모순이 드러나는 이론을 주장한다는 것은 참으로 한심스러운 일이다. 과학자들의 빅뱅이론은 암흑에너지로 가득 찬 우주를 창조주가 물질세계로 바꾸어 놓았다는 기독교의 천지창조이론보다 훨씬 비과학적이다. 아인슈타인이 물질은 에너지로 바뀔 수가 있다고 주장했는데 그 말이 사실이라면 역으로 암흑에너지가 물질로 바뀌는 역현상도 가능할 것이며, 따라서 기독교의 창조론은 에너지보존 법칙도 유지하면서 위대한 과학자인 아인슈타인의 에너지이론에도 부합하므로 빅뱅이론보다는 훨씬 더 과학적이라고 봐야 한다.

　만유인력 이론의 모순처럼 우주에 관한 이론이 큰 틀에서 성립되지 않고, 부분적으로 성립된다면 그것은 부분적인 현상과 우연의 일치가 있는 것일 뿐이며 합리적인 이론은 아니다. 빅뱅이론도 합리적이기 위해서는 빅뱅 이전에 우주 전체를 하나의 점으로 수축시키고 있던 힘이 외력이었는지 아니면 내부의 응집력이었는지 밝혀야 한다. 그리고 외력이었다면 텅 빈 우주의 외부에서 어떻게 외력이 작용했으며, 그 외력이 왜 갑자기 사라져서 폭발(빅뱅)이 시작됐는지 그리고 자체적인 응집력으로 우주를 수축하고 있었다면 힘의 균형을 이루고 있던 점으로 된 우주가 어떻게 외부의 도움이 없이 그 엄청난 응집력을 극복하고 스스로 팽창을 시작했는지 설명해야 한다.
　안정을 취하고 있는 어떤 물체를 팽창시키려면 그렇게 할 수 있는 힘도 필요하지만 그 물체보다 더 강한 물질로 충격을 가해야만 가능하다. 왜냐하면 약한 물질로 충격을 가하면 오히려 상대보다 자신이 먼저 파괴되기 때문이다. 다이아몬드 보다 수억 배 강하게 압축돼있던 우주의 핵(씨앗)을 깨트리려면(빅뱅하려면) 그보다 더 강한 물질로 충돌해야 가능하다. 우주 전체의 에너지보다 더 큰 에너지를 가진 능력자가 우주의 외부에서 우주의 압축이나 팽창을 도우지 않으면 우주가 스스로 팽창하거나 수축할 방법은 없다.

과학자들은 빅뱅의 시점이 시간의 시작이라고 하는데 그렇다면 언젠가 시간의 끝(우주의 정지 혹은 소멸)도 와야 한다. 그리고 과학자들의 주장처럼 빅뱅 이전에 실제로 시간이 없었을까 아니면 정지해 있던 시간이 빅뱅과 함께 작동을 시작했을까? 어떤 존재가 있는데 시간이 없거나 역으로 시간은 있는데 아무런 존재가 없다면 서로 모순이 되므로 존재와 시간은 함께 발생하고 함께 사라져야 옳다. 어떤 존재가 있는데 시간이 없다는 것은 그 존재가 아무런 변화를 하지 않고 정지 상태로 있다는 것을 의미하며 그렇다면 그 존재는 운동에너지나 열에너지를 가지고 있지 않았다는 것이고, 그런 물체가 어떻게 스스로 운동(팽창)을 시작할 수가 있겠는가? 운동을 하지 않던 물체가 스스로 운동을 시작한다는 것은 죽은 사람이 다시 살아나는 것보다 훨씬 더 어렵다. 왜냐하면 어떤 물체나 우주가 외부의 도움 없이 스스로 운동을 시작한다면 그것은 에너지 보존의 법칙이 깨어지는 모순이 발생하기 때문이다.

차라리 기독교의 창조론은 빅뱅이론처럼 완전히 무에서 유가 됐다고 주장하지는 않는다. 성경은 창조(빅뱅) 이전에도 이미 하나님이 존재했음을 시사한다. 그런데 시간의 정체를 알면 창조론과 빅뱅이론의 모순이 모두 해결된다. 우주가 탄생하는 과정에서 빅뱅이론이 옳은지 아니면 창조론이 옳은지 그도 아니면 다른 방법이 있는지 깔끔하게 알 수 있다.

과학자들의 주장처럼 우주가 빅뱅으로 시작됐다고 하더라도 우주가 계속 가속팽창하려면 새롭게 팽창된 공간에 암흑에너지가 다시 채워져야 팽창력이 유지돼서 팽창을 계속할 수 있다. 암흑에너지가 팽창된 공간에 계속 채워지지 않으면 팽창은 등속운동으로 바뀌고 그러면 만유인력이 작용해서 감속되기 때문에 우주는 팽창을 그치고 다시 수축해야 한다. '관성력은 가상의 힘이 아니다.'에서 설명했듯이 자연에는 상대를 가속시키면서 동시에 자신도 가속되는 일은 일어날 수 없다. 작용과 반작용에 의해서 상대를 가속시키기 위해서는 자신은 감속돼야 하기 때문이다. 그러므로 한 번 상대를 가속시킨 물질은 다시는 같은 상대를 가속시킬 수가 없고, 따라서 팽창력은 한 번으로 그치며 계속되지 않는다. 쉽게 설명하면, 총이 총알을 한 번은 가속할 수 있지만 총알을 계속 가속할 방법은 없다. 그와 같이 빅뱅도 초기 속도가 결정되면 그 이후에는 가속을 시킬 방법이 없으므로 등속팽창은 성립되지만 가속팽창은 성립되지 않는다. 그런데 등속팽창은 만유인력에 의해서 감속돼야 하므로 등속팽창도 성립되지 않고 실제로 빅뱅이 있었다고 하더라도 오직 감속팽창만이 성립된다.

빅뱅은 우주의 중심에서 총알을 모든 방향으로 발사한 것과 유사하다. 그런데 총구를 떠난 총알의 속도가 시간이 갈수록 더 커진다는 것만큼이나 빅뱅이론은 터무니없는 이론이다. 또한 빅뱅이론이 성립되려면 우주 전체의 운동에너지는 물론 암흑에너지도 함께 늘어나야 하는데 빅뱅이론대로라면 이는 에너지총량보존의 법칙을 깨트리는 엉터리 이론이다. 그리고 빅뱅이론은 우주의 팽창이 물체의 이동에 의해서 발생하는지, 아니면 물체자체의 확장 때문에 발생하는지 명쾌히 밝히지 못하고 있다. 물체의 이동 때문이라면 우주의 중심부는 차츰 비어가야 하고 물체 자체의 확장 때문이라면 지구도 빠른 속도로 확장되고 있어야 한다. 그런데 그런 현상이 일어나고 있는가?

암흑물질과 암흑에너지는 과학자들이 알고 있는 것과는 전혀 다른 존재들이다. 그리고 우주는 부분적으로 팽창(초신성 : 별의 소멸)도 하고 수축(블랙홀 : 별의 생성)도 하지만 전체적으로는 항상 균형을 이루고 있다. 그래야 우주 전체에서 총량보존과 운동량보존의 법칙이 성립된다. 우주가 정말로 팽창한다면 우리 주변의 모든 것도 함께 팽창해야 한다.

이제 빅뱅 이론뿐만 아니라 새롭게 대두된 끈이론의 모순에 대해서도 점검해보자. 물리학에서의 소립자는 수학에서의 점과 유사하다. 수학에서 점이 모여서 모든 것을 이루듯이 물리학에서는 소립자가 모여서 모든 것을 구성한다. 여기서 점은 더 이상 수축하거나 변형할 수가 없는 극소점을 말하며, 소립자는 더 이상 수축하거나 변형할 수 없는 극소립자를 말한다. 그런데 끈이론에서 주장하는 바와 같이 끈이 진동하려면 변형을 해야 하는데 변형은 물질 자체에서 발생하는 것이 아니라 물질을 이루고 있는 입자 간의 간격이 변함으로써 발생하기 때문에 변형은 적어도 두 개 이상의 기본물질이 결합했을 때만 나타나는 성질이다.

끈은 단일물질(기본물질)이므로 변형이 불가능하고 따라서 과학자들의 상상처럼 탄성을 가지고 진동할 수는 없다. 만약에 끈이 무 변형 진동을 한다면 끈이라는 표현보다 차라리 막대기라는 말이 적합하다. 기본물질은 변형이 불가능한 완전체여야 하고, 따라서 탄성을 가질 수 없는데 과학자들은 조물주도 만들어내지 못하는 신물질(탄성을 가진 기본물질)을 창조했다. 기본물질이 가지고 있는 성질이 일반 물질에서 나타날 수 있지만 일반 물질이 가지고 있는 성질이 기본물질 속으로 들어갈 수는 없다. 그런데도 과학자들은 자신들의 이론을 설명하려고 일반 물질의 특성인 탄성을 기본물질에 주입하는 어처구니없는 오류를 범하고 있는 것이다.

▼ 물질이 정지하면 시간도 정지한다

우주의 기원에 관한 의문은 기존의 과학이론으로는 풀리지 않는다. 우주 기원의 문제는 시간의 문제가 풀려야 해결이 가능하다. 수학에서 정의하는 0차원의 점이나 1차원의 선이나 2차원의 면은 인간의 관념일 뿐 실제로는 존재하지 않는다. 그리고 개념상으로 볼 때 시간은 좌우나 상하가 없고 오직 전후만 존재하는 1차원이다. 그렇다면 시간도 수학의 1차원(선)처럼 인간의 관념에 불과할 뿐 실제로는 존재하지 않는 것은 아닌지 의심해 볼 필요가 있다. 우주에 실제로 존재하는 것이라면 무엇이든 그 것은 질량을 지녀야 한다. 존재하는 것에 질량이 없으면 관성이 없고, 관성이 없으면 작은 힘에도 무한대의 가속도가 발생해서 우주 밖으로 밀려나가 버린다. 만약에 에너지양자처럼 부피만 있고 질량이 없는 존재가 있다면 외부로부터 힘을 받을 때에 무한 가속도가 발생해서 순간적으로 우주 밖으로 밀려나버리기 때문에 우주 안에는 그런 존재가 있을 수 없다. 그런 존재가 있다면 물리학의 기본 이론은 허구가 된다.

깊이 들어가 보면 생명의 기본 소재도 모두 물질이다. 사람의 정신(의식)도 신경이라는 물질의 작용에서 나온다. 그렇다면 시간은 어떨까? 시간도 실제로 존재한다면 물질로 구성돼있거나 물질의 작용에 의해서 나타나는 현상 중의 하나일 수밖에 없다. 우주의 본질과 현상은 모두 물질이 개입돼있기 때문이다. 빅뱅을 주장하는 이론가들에 의하면 시간은 우주의 빅뱅(운동)이 시작되면서 생성됐다고 한다. 이는 곧 시간도 물질의 작동에 의해서 시작되었다는 의미이다. 그럼 과연 그럴까? 과연 시간도 빅뱅과 함께 시작되었을까? 지금부터 그것을 파헤치는 시간여행을 떠나보자.

존재하는 모든 것은 끝(한계, 가장자리)이 있다. 아무리 큰 우주라도 어딘가에 가장자리가 있을 것이다. 우주의 가장자리는 매우 온도가 낮아서 마치 지구의 지각처럼 응집된 보호막으로 구성되어있어서 다른 물질들은 물론 파동이나 에너지가 우주 밖으로 유출되는 것을 방지하고 있을 것이다. 그래야 궁극적으로 우주 전체에서 총량보존의 법칙과 운동량보존의 법칙이 성립된다. 독립된 어떤 세계가 존재하려면 풍선처럼 자체만으로 힘의 균형을 이루는 외각(껍질)이 존재해야 가능하다. 그런데 기존의 과학 이론에는 시작도 없고 끝도 없는 무궁무진한 존재나 능력이 있는데 그것이 바로 만유인력과 에너지양자 그리고 시간이다. 무한대의 조건을 만족시키는 존재나 능력이 있다면 역으로 그런 것은 존재하지 않는 것이 아닌지 의심해봐야 한다. 수학에서는 무한대의 숫자를 관념적인 기호로 나타내지만 실제로는 존재하지 않는다. 아무리 큰 숫자라고 해도 거기에 숫자를 다시 더할 수 있기 때문에 무한대의 숫자는 실제로 존재하지 않듯이 무한대의 존재나 능력도 실제로 존재할 수 없다.

두 개의 존재 사이에 간극이 없다면 그 두 개의 존재는 분리될 수 없으며 결국 두 개는 두 개가 아니라 하나이다. 흔히들 과거와 미래 사이에 현재라는 시간이 있다고 생각한다. 그런데 현재라는 시간이 존재한다면 무한소의 기간을 가지고 있는 적은 시간이라고 할지라도 그 현재 속에는 다시 과거와 현재와 미래가 공존하게 되므로 모순이 발생한다. 그러므로 현재는 '기간이 없는 시간'이고, 따라서 현재라는 시간은 실제로는 존재하지 않는 것이 된다. 과거와 미래 사이에 실제로는 현재라는 간극이 없는 것이며 다만 과거와 미래는 간극이 없이 연속적이며 분리되지 않는 한 덩어리이다. 결국 시간은 과거와 현재와 미래를 모두 합해서 오직 하나 즉 현재만 존재하며 그것은 역으로 시간이 존재하지 않는다는 것을 의미한다. 왜냐하면 현재는 기간이 0인 시간이며 결국 현재 자체가 존재하지 않는데 어찌 과거와 미래가 존재하겠는가?

  시간과 사물이 분리되는 두 개의 존재라고 가정하고 다른 방법으로 논해보자. 시간이 정지해 있다면 사물은 변하지 못한다. 그런데 역으로 사물이 정지하면 시간도 정지하는 것일까? 쉽게 답이 안 나온다. 그런데 이렇게 생각하면 답이 쉽게 나온다. 사물과 현재라는 시간이 함께 움직인다고 가정해보자. 사물이 가다가 멈춰 섰는데 현재라는 시간이 혼자서 앞으로 간다면 정지한 사물은 뒤에서 따라오던 미래라는 시간과 만나게 되는 모순을 안게 된다. 역으로 시간이 멈추어 섰는데 사물이 혼자서 앞으로 나가면 사물은 앞서가던 과거와 만나게 된다. 그러므로 사물과 시간은 항상 같이 가야되고 역으로 해석하면 시간은 사물에 묶여 있어서 독자적으로는 꼼짝도 못한다. 결국 시간은 사물과 독립해서 존재할 방법이 없으며, 결국 시간과 사물은 하나이며 그 중의 하나는 빛과 그림자처럼 실제로는 존재하지 않는다.

  시간의 연속성을 다른 방법으로 생각해보자. 시간처럼 앞뒤만 있고 좌우나 상하가 없는 1차원적인 개념은 어디엔가 시작과 끝이 있어야 한다. 그런데 영원무궁해야할 시간이 시작과 끝이 존재한다면 모순이 발생하므로 시간이 영원하게 흐르려면 시작과 끝이 서로 만나서 윤회하는 수밖에 없다. 그렇게 되면 미래는 과거로 가는 과정이 되며 진정한 미래는 존재하지 않게 되는 모순이 다시 생긴다. 알기 쉽게 설명하면, 다람쥐가 쳇바퀴에서 달리면서 자신이 앞(미래)으로 가는 것으로 생각하겠지만 사실은 뒤(과거)로 가는 것이고, 쳇바퀴 밖에 있는 제3자가 바라보면 다람쥐는 계속 그 자리(현재)에 머물러 있는 것과 같다. 영원무궁해야할 시간이 시작과 끝이 있다면 모순이고, 그것을 방지하기 위해서 시간이 윤회해도 여전히 모순이 발생한다.

이상 살펴본 바와 같이 사물과 시간은 빛과 그림자 같은 존재이다. 그림자는 실제로 존재하는 것이 아니라 빛의 작용으로 나타나는 현상인데 마치 존재하는 것처럼 느껴질 뿐이다. 시간도 이와 같다.

열역학 제1법칙은 시간이 흘러도 에너지의 총량은 변하지 않는다는 것인데, 이것을 역으로 해석하면 시간이 에너지의 존재에 아무런 영향을 미치지 못한다는 것이고, 결국은 시간은 존재가치(영향력)가 없으며 실제로 존재하지 않음을 시사하고 있는 것이다. 공기의 진동을 소리라고 오해하듯이 사물의 상태가 변하는 현상을 보고 시간의 흐름이라고 착각한 것이며, 시간은 사물과 따로 독립하여 존재하는 개체가 아니다. 모든 변화는 물질의 이동으로 만들어지며 물질이 정지하면 시간도 흐르지 않는다. 지구가 공전과 자전을 하므로 우리가 시간이 흐르는 것처럼 느끼지만 해와 달은 물론 주변의 모든 물질이 정지 상태로 있다면 시간의 흐름을 느낄 수가 없다.

모든 과거를 융합해서 하나로 만들어 놓은 결과가 바로 현재이며 따라서 과거는 어딘가에 별도로 존재하는 것이 아니라 현재 속에서 함께 존재한다. 그러므로 우주에는 오직 현재라는 시간만이 존재한다. 그리고 현재라는 시간은 기간이 0인 시간이므로 실제로는 현재라는 시간도 존재하지 않는다. 우주의 모든 것은 현재의 상태에서 존재하는 것과 존재하지 않은 것의 두 종류로 분류된다. 지금 존재하는 것은 태초부터 존재했고 영원히 존재할 것이며, 지금 존재하지 않는 것은 과거에도 없었고 미래에도 생성될 수 없다. 왜냐하면 과거나 미래는 실제로 존재하지 않기 때문이다. 그러므로 우주에는 무에서 유가 되거나 유에서 무가 되는 진정한 생성과 소멸은 없고, 오직 끊임없는 변화만이 존재한다. 별의 생성과 소멸은 물질이 뭉쳤다가 흩어지기를 반복하는 것이며, 생명의 탄생과 사망 역시 물질의 질서 있는 상태로의 결합과 질서 없는 상태로의 분산이 반복하는 것이다. 우주 내에서의 모든 변화는 우주를 구성하고 있는 기본 입자들의 위치가 바뀌는 것에 불과하며 물질 자체의 탄생과 소멸은 없다.

무(부존재)에서 유(존재)를 만드는 진정한 창조가 성립되려면 사물이 존재하지 않았던 시간과 그리고 존재하고 있는 시간으로 분리될 수 있어야 가능하다. 그런데 시간은 현재라는 하나의 시간만이 존재하므로 현재라는 하나의 시간 속에서 존재와 부존재가 동시에 성립될 수 없으며 따라서 우주에는 진정한 창조는 물론 진정한 종말도 있을 수 없다. 그러므로 '우주는 언제부터 존재했는가?' 혹은 '우주는 언제 탄생했는가?'라는 질문은 우문이다. 별과 생명을 포함해서 인간이 인식하는 우주의 모든 탄생은 무에서 유로 변하는 것이 아니라 흩어져 있던 소립자나 분자들이 뭉쳐서 새로운 기능을 발휘하는 것에 불과하다. 과학자들이 소위 '신의 입자'라고 말하는 힉스 입자도 핵입자가 충돌해서 분열되는 과정에서 아직 분열이 완료되지 않은 여러 소립자들의 혼합체일 뿐이지 무엇을 창조하는 물질은 아니다.

우주에는 오직 이미 존재하는 것들이 운동 상태에 따라서 결집을 하거나 분산을 하면서 여러 가지 모양으로 변하고 있을 뿐이며 새로 생성되거나 소멸되는 것은 없다. 0(부존재)을 아무리 더해도 1(존재)이 될 수 없고, 1(존재)을 무한히 쪼개도 결코 0(부존재)이 될 수 없는 것과 같은 이치이다. 우주의 모든 변화는 물질 자체가 변하는 것이 아니라 물질을 이루고 있는 소립자들의 위치가 변하는 것일 뿐이다.

빅뱅이론은 빅뱅 이전을 설명하라고 하면 빅뱅 이전의 시간은 존재하지 않았기 때문에 설명할 필요가 없다고 한다. 궁색한 답변이다. 빅뱅(시작, 태초)이 존재하기 때문에 당연히 빅뱅 이전도 존재해야 옳다. 그러나 필자는 이렇게 주장한다. "태초 자체가 없기 때문에 당연히 태초 이전은 존재할 수 없다."

 빅뱅이론의 설명처럼 빅뱅 이전에는 시간이 없었다면 반대로 언젠가는 또 다시 시간이 없어지는 날이 와야 한다. 참으로 어처구니없는 이론이다. 시간은 영원히 존재하든지 아니면 아예 존재하지 않든지 둘 중의 하나여야 한다. 이 둘 중 하나에서 필자는 시간의 부존재(인간이 사물의 변화를 보고 느끼는 관념일 뿐)를 주장하는 것이다. 수학에서 무한대는 관념일 뿐 실제로 존재할 수 없는 것처럼 무한대의 시간도 실제로는 존재할 수가 없다.

 부피나 무게가 사물의 크기나 중량을 측정하는 단위인 것처럼 시간은 사물의 변화량을 측정하는 단위에 불과하고, 이것은 생활의 편리함을 위해 고안된 수단일 뿐이다. 인간은 물질의 상태나 변화를 측정(계량)하기 위해 길이, 질량, 시간이라는 단위를 만들어냈지만 이것들이 서로 결합하여 나타나는 속도, 운동량, 힘, 에너지 등은 실제로 존재하는 것이 아니라 인간이 느끼는 현상에 불과하다.

우주는 무의 세계(허공)와 유의 세계(물질)로 분리되는데 공간은 무의 세계(허공)이며, 무의 세계만이 왜곡되거나 변형되지 않는다. 어떤 존재가 변한다면 그것은 자신이 유의 세계(물질)에 속해있음을 스스로 증명하는 것이다. 존재하지 않는 것이 어떻게 변할 수 있겠는가?

육체와 정신, 물질과 에너지, 사물과 시간… 이것들은 빛과 그림자의 관계이다. 이들은 마치 두 개처럼 인식되지만 사실은 하나이다. 본질이 작동하면 현상이 나타나고, 함께 존재하면서 서로 분리되지 않는다. 물질의 상태변화가 시간이며 물질의 운동능력이 에너지고 물질의 신경작용이 정신이다. 시간과 에너지와 정신은 물질과 분리돼서 존재할 수 없다.

인류가 오랫동안 그래왔기 때문에 우리는 아무 생각 없이 시간이 별도로 존재하는 것처럼 착각하며 살고 있다. 그러나 시간은 별도로 존재하지 않는다. 사물의 변화 자체가 시간일 뿐이다. 아인슈타인은 상대성이론에서 중력의 크기에 따라 시간의 속도가 변한다고 했다. 인공위성의 GPS를 작동시킬 때 인공위성과 지구표면 사이의 시간차이를 보정해야 위치추적의 오차가 작아지므로 그 이론은 언뜻 맞는 것처럼 보인다. 그러나 조금 깊이 생각해보면 그것은 엉터리이다. 실제로 시간이 존재하고 상대성이론이 옳다면 우주가 생긴 이후부터 발생한 시간차이를 모두 누적하면 인공위성이 있는 곳은 지구와 약간의 시간차이가 아니라 전혀 다른 시간이어야 한다. 장소에 따라서 시간이 다르다면 굳이 타임머신을 개발하지 않아도 우주선을 타고 지구를 벗어나면 그곳은 지구와 다른 시간 즉 과거나 미래의 시간이므로 시간여행이 저절로 돼야 한다. 그런데 우주 비행사의 모습을 찍은 사진을 보면 우주 공간에서도 여전히 현재의 모습 그대로다. 실제로 비행사가 우주 공간에서는 과거나 미래의 모습이었는데 사진이 지구로 전송되거나 사람이 다시 돌아오면서 현재의 모습으로 환원된 것일까? 그렇다면 입고 있는 장비나 우주선은 왜 우주 공간에서 과거나 미래의 상태로 바뀌어 해체되지 않고 제 기능을 발휘했을까?…

시간이 존재하고 상대성이론에 따라 시간이 다른 장소에서 다른 속도로 흐른다면 우주는 그야말로 혼돈의 세계(카오스)로 변할 것이다. 그러나 시간은 존재하지 않고, 다른 장소에서 다르게 흐르지도 않기 때문에 우주는 혼란에 빠지지 않는 것이다.

필자는 '시간'과 '변화'는 이음동의어라고 생각한다. '공기의 진동'을 소리라고 하듯 '사물의 변화'를 시간이라고 하는 것이며, 공기의 진동이 멈추면 소리가 사라지듯 사물의 변화가 멈추면 시간도 사라진다고 확신한다. 우주에서 일어나는 모든 변화에는 시간이란 그림자가 뒤따르는데, 역으로 변화가 멈추면 시간이란 그림자도 없어진다.

본질력과 현상력이 우주를 순환시킨다

 과학자들은 모든 물체가 만유인력으로 서로 잡아당기고 음전자와 양전자도 서로 인력이 작용해서 잡아당긴다고 주장하는데 그것이 사실이라면 우주의 모든 물체는 엉겨 붙고 음전자와 양전자도 엉겨 붙어서 결국에는 우주가 고착되어 아무런 변화도 일어날 수 없게 된다. 물체가 가지고 있는 성질은 갑자기 어디서 생기는 것이 아니고, 그 물체를 이루고 있는 분자의 성질에서 나오는 것이며, 분자의 성질은 그 분자를 이루고 있는 소립자들의 성질에서 비롯되는 것이다.

 일반 고체에 압축력을 가하면 분자들이 더 이상 가까워 지지 않으려고 저항하고 반대로 인장력을 가해도 서로 멀어지지 않으려고 저항한다. 물질들도 자기들이 지키려는 선(유지 거리)이 있고, 이것을 깨려 하면 모두 반항(반작용)한다. 모든 액체들은 고체에 접촉하면 잘 부착한다. 고체들은 입자들의 움직임이 자유롭지 못하지만 액체들은 구성입자들이 자유롭게 움직일 수 있으므로 주변의 물질들과 일정한 거리를 유지하기 위해서 부착하는 것이며 그런 현상을 보고 입자들 사이에서 만유인력이 작용하는 것이라고 착각할 수 있지만 입자들이 부착하는 이유는 소립자들이 가지고 있는 전자기력(음양 전기들 사이에 일정한 거리를 유지하려는 성질) 때문이다. 미세한 고체 가루들도 움직임이 비교적 자유롭기 때문에 다른 물질에 잘 부착한다. 그러나 입자가 큰 고체들은 접촉부위의 부착력(본질적인 힘)보다 자신에게 작용하는 중력(현상적인 힘)이 훨씬 크므로 부착하지 못한다.

목욕탕의 천장에 수증기가 어려서 생기는 물방울의 부착력은 천장과 접착한 표면적에 비례하므로 크기에 변화가 거의 없지만 물방울의 중력은 부피에 비례해서 점점 커지므로 중력이 부착력보다 커지면 아래로 떨어지게 된다. 비중이 높은 광물질들의 용액은 자신들의 부착력이 주변 물질과의 부착력보다 크므로 주변에 부착하지 않고 독립적으로 방울을 형성한다. 기름도 자체 부착력이 크므로 물과 섞이지 않고 방울을 형성하며 고체에 부착되면 계면활성제(비누)를 사용해야 떨어진다. 물과 기름처럼 부착력에서 차이가 많이 나면 열역학 제2법칙(무질서도의 증가)이 성립되지 않는다. 분자의 운동력(현상적인 힘)이 부착력(본질적인 힘)보다 더 클 때에만 열역학 제2법칙이 성립되기 때문이다. 우주의 모든 변화는 일정한 거리를 유지하려는 힘(본질적인 힘 : 물질에서 나오는 힘 : 관계를 유지하려는 힘)과 그것을 깨트리려는 힘(현상적인 힘 : 운동에서 나오는 힘 : 관계를 파괴하려는 힘)과의 싸움 때문에 발생한다.

과학자들은 이성 전기는 서로 끌어당기고 동성 전기는 밀어낸다고 주장한다. 그러나 그것은 일부 현상만 보고 착각하는 것이다. 과학자들이 전기를 띤 입자들을 편의상 음과 양으로 분류했지만 엄밀하게 말하면 음과 양이 아니라 상호 간에 강하게 영향을 미치는 성질이 유사한 두 종류의 입자다. 움직임이 자유로운 모든 소립자들은 서로 적절한 거리를 유지하려고 하며 만유인력이나 음양전기처럼 한 방향으로만 힘이 작용하면 소립자의 운동 궤도가 수렴하거나 발산해서 우주의 균형이 깨지고 우주는 원래의 상태로 복원하기가 어려워진다. 우주는 부분적으로 그리고 일시적으로 팽창도 하고 수축도 하지만 전체적으로는 항상 균형을 유지하는데 그 이유는 소립자들 간에 만유인력이나 전기력처럼 한 방향으로 밀거나 당기는 것이 아니라 일정한 거리를 유지하면서 서로 균형을 유지하려는 성질을 가지고 있기 때문이다.

남녀 간의 사랑도 적당하게 밀고 당김이 있어야 유지된다.

한 방향으로 밀거나 당기기만 한다면 그 사랑은 깨진다. 과학자들이 주장하는 것처럼 음양 전기가 서로 밀거나 당기기만 하는 것이 아니라 밀고 당기면서 일정한 거리를 유지하려는 성질을 가지고 있다. 사람들 사이에서, 형제, 남매, 부자, 친척, 이웃 등은 각각의 입장에 따라서 유지해야할 거리가 서로 다르듯이 여러 가지 소립자들도 서로간의 관계에 따라서 유지해야하는 거리가 다르다. 음전자와 양전자는 원자라는 가정의 남매와 같아서 서로간의 일정한 거리를 유지하려는 성질을 갖고 있으며 그래서 멀어지면 끌어당기고 가까워지면 밀어내는 양면성을 가지고 일정한 거리를 유지한다. 동성전자들(형제나 자매) 사이에도 유지하려는 거리가 다를 뿐이며 일방적으로 밀어내지는 않는다. 원자 안에 있는 음전자와 양전자가 만유인력처럼 서로 당기기만 한다면 전자의 운동력은 점차 감소하고 결국에는 양성자에 접착돼서 전자의 운동은 정지해야 한다. 원자핵 주위에 수많은 전자들이 궤도를 적절히 유지하는 것은 전자들끼리 밀기만 하면 불가능하고 서로 적절한 거리를 유지하려고 하기 때문에 가능하다. 원자가 분자로 결합하고 분자들이 다시 분자들끼리 결합할 때에 전자들이 연결고리가 되는데 전자들끼리 밀어내기만 한다면 어떻게 연결고리를 형성할 수 있겠는가?

전류는 단순히 전자의 운동이며 전기 스파크는 특수상황에서 전자가 도체 밖으로 튀어나오면서 공기와 충돌해서 열과 빛을 발생하는 현상이다. 그런데 과학자들은 전기의 스파크와 유사한 번개나 벼락을 음전하와 양전하의 결합현상이라고 설명한다. 과학자들이 전류 자체와 전류를 생산하기 위해서 일어나는 과정 사이에서 혼동을 하는 것이다. 전류를 생산하기 위해서 발전소에서는 발전기의 회전이 필요하고 배터리에서는 분자들의 화학적 변화(음양이온의 분해와 결합)가 필요한데 그 발전기의 회전이나 분자들의 변화는 전류를 일으키는 힘(기전력)일 뿐이며 전류 자체가 아니다. 번개나 벼락은 기전 현상이 아니라 전류현상이며 전류가 도체 안에서 발생하는 것이 아니라 전기 스파크처럼 공중에서 발생하므로 전자가 공기와 충돌하면서 열과 빛이 발생하는 것이다. 모든 전류는 전자의 운동 그 이상도 이하도 아니다. 배터리를 이용한 직류에서도 음이온에서 분리된 전자가 양이온 쪽으로 이동하는 운동이 바로 전류이다.

비가 오면 공중에 있던 전자집단이 지구 표면 쪽으로 밀려 내려오다가 지구에 흡수되는 현상이 벼락이다. 그런데 공중에서 전자집단이 형성되려면 전자끼리 서로 밀기만 하면 안 되고 일정한 거리를 유지해야만 가능하며, 전압이 없어도 전류가 발생하려면 전자들 끼리 서로 인력이 작용해야 가능하다. 일반전류는 저항이 있으므로 전압으로 등을 떠밀어야 흐르지만 저항이 없는 자연에서는 자신들의 인력에 의해서 스스로 흐른다. 그리고 공중에서 발생하는 천둥번개도 음전자와 양전자의 결합이 아니라 전자집단이 떠돌아다니다가 서로 마주치면서 전자들끼리 인력이 작용해서 하나의 큰 집단으로 뭉치는 현상이다. 비가 내리면 전자집단들의 유동이 발생하고 서로 접촉하게 되므로 전자 집단이 쉽게 합치는 것이고, 비가 내리지 않아도 가끔씩 마른하늘에서도 자기들 끼리 만나면 결합하게 된다. 과학자들의 이론대로라면 구름의 상하로 이온전리가 발생한 후에 자기들끼리 다시 결합하는 것이 번개고 구름 하층부의 음전하와 지표의 양전하와 결합하는 것이 벼락인데 벼락이 성립하려면 구름이 지표까지 내려와야 하므로 벼락의 발생은 불가능하다. 번개와 벼락을 쉽게 설명하면, 공중에 떠 있는 전자집단은 마치 물위에 떠있는 기름방울과 같으며 떠돌다가 서로 마주치면 하나로 뭉치고(번개) 고체(지구)를 만나면 흡착(벼락)되는 것과 같다. 이때에 전자들이 대량으로 이동면서 공기와 충돌해서 빛과 소리를 생산한다. 하늘에서 발생하는 번개나 혹은 하늘과 땅 사이에서 발생하는 벼락 그리고 전기선에서 발생하는 스파크는 모두 전류가 흐르는 과정에서 전자가 주변의 공기와 충돌하는 현상에 불과하며 과학자들의 말처럼 음양 전기의 결합 때문에 발생하는 것이 아니다.

공중에서 발생한 전자 집단이 지나치게 커지면 다시 작은 집단으로 분열하면서 그 때도 역시 번개가 일어날 수 있다. 마른 하늘에 날벼락이라고 하는 것이 대부분 그런 경우라고 생각하면 된다. 물위에 떠있는 기름방울들이 서로 만나면 뭉치지만 온도가 올라가면 다시 분열하는 것과 같다. 비가 오면 기온이 갑자기 내려가고 그러면 전자들의 결합력(본질적인 힘)이 운동력(현상적인 힘)보다 상대적으로 커지면서 전자집단의 결합이 쉬워지지만, 다시 기온이 올라가면 운동력이 커지게 되고 그러면 바람이나 주변의 영향을 받아서 전자집단이 다시 분열하는 현상이 반복된다는 것이 필자의 판단이다. 공중에서 천둥 번개를 만들면서 이합집산을 반복하던 전자 집단이 하강해서 땅으로 흡수되면 벼락이 되고, 대기권 상층부로 계속 상승해서 일정한 곳에서 크게 뭉치면 전리층이 되는 것이다. 전자들이 대기권 상부에서 전리층(전자들의 거대한 집단)을 형성한다는 것은 전자들끼리 척력만 작용하는 것이 아니라 인력도 작용하는, 다시 말해서 전자들끼리 일정한 거리를 유지하려는 성질이 있어야 가능하다.

　과학자들은 벼락이나 번개가 일어날 때에 엄청난 전압이 발생하는 것처럼 생각하는데 그것은 착각이다. 벼락이 번개는 저항이 없는 전류이기 때문에 전압이 없어도 순간적으로 다량의 전류가 흐르게 된다. 발전소에서 전기를 생산할 때는 자력을 이용해서 전자들을 밀어내면 도선 내에 갇혀있는 전자들의 거리가 가까워지고 전자들이 다시 원래의 거리를 유지하려고 서로 밀어내기 때문에 높은 전압(압축과 저항)이 발생하지만 움직임이 자유로운 허공에서는 전압이 발생하지 않는다. 전자들은 멀리 있으면 서로 당기고 가까이 다가오면 반대로 밀어내는 성질 즉 일정한 거리를 유지하려는 성질이 있기 때문에 만나면 합치는 것이며, 합치면서 순간적으로 전류가 발생한다. 전문용어로 말하면, 일반 전기는 플러스 전위, 즉 척력에 의해서 전류가 발생하고 번개나 벼락은 마이너스 전위, 즉 인력에 의해서 전류가 발생한다.

그리고 공기 중에 산재하는 양전자는 자기장의 구성요소로서 평소에 온 우주 공간에 골고루 퍼져있는데 천둥번개나 벼락과는 아무 상관이 없고 번개와 벼락 현상은 오로지 전자들의 운동에 의해서 이루어진다. 번개나 벼락은 일반 전기에 비유하면 저항이 없는 합선이나 누전현상에 해당되며 과학자들이 주장하는 것처럼 음전자와 양전자가 결합하는 현상이 전혀 아니다. 그리고 직류 전기나 자석주변에서 형성되는 자력선의 모양에서 유추해보면 자력선이 일정한 형태를 가지고 있다는 것은 분명하다. 그런데 자기장을 구성하는 요소(양전자)들 간에 밀어내는 힘만 있다면 흩어져야 하므로 일정한 형태의 자력선은 불가능하며 자력선을 구성하는 요소들 간에 일정한 거리를 유지하려는 성질이 있기 때문에 자력선을 형성할 수 있다. 극이 다른 두 개의 자석이 다가가면 N극에서 나온 자력선과 S극으로 들어가려는 자력선이 서로 충돌해서 자력선의 진로가 변경된다. N극에서 나온 자력선은 튕겨지면서 밖으로 나가지 못하고 상대 자석의 S극으로 진입하고, 반대로 S극으로 진입하려던 자력선은 다시 튕겨져 나와서 상대 자석의 S극으로 진입해서 두 개의 자력선이 하나로 통합된다. 두 개의 자력선이 각각 상대방의 자석 속으로 진입하면서 자력선이 하나로 통합되면 중앙의 자력선은 평형(직선) 상태로 바뀌고, 좌우 끝단의 자력선은 원래의 곡선 모양을 그대로 유지하게 된다. 그런데 두 개의 자력선이 충돌해서 끊어진 후에 다시 상대의 자력선과 하나로 합쳐지려면 자력선의 요소들 간에 서로 끌어당기는 성질(일정한 거리를 유지하려는 성질)이 있어야 가능하다.

우주가 일시적으로 변해도 입자들 간에 일정한 거리(관계)를 유지하려는 복원력이 우주를 항상 제자리로 돌려놓는다. 우주는 일정한 관계를 유지하려는 힘(본질력)과 그것을 깨트리려는 힘(현상력)과의 싸움으로 항상 변화를 이루지만 일방적인 승리는 없으므로 다시 제자리로 돌아오는 순환을 반복하는 것이다.

▼ 만유인력은 발견된 적이 없다

뉴턴은 사과가 떨어지는 것을 보고 만유인력을 발견했다고 한다. 그러나 정확하게 말하면 만유인력을 발견한 것이 아니라 만유인력이 존재할 것이라고 추정한 것이며, 아직도 그 추정은 확인되지 않았다. 과학자들은 만유인력이 존재한다는 실질적인 증거를 아직 찾지 못했을 뿐만 아니라 만유인력이 어떤 주체의 어떤 능력에서 나오며 어떻게 작동하는지에 대한 메커니즘을 밝히지 못했다. 과학자들이 무능해서 그런 것이 아니라 만유인력은 존재하지 않는 가상의 힘이기 때문이다.

뉴턴은 지구가 사과를 끌어당긴다고 생각했기 때문에 만유인력이 존재한다고 주장했다. 그 당시의 과학상식으로는 그렇게 생각한 것도 아주 대단한 일이며, 그것 외에는 다른 방법을 생각해낼 수 가 없었을 것이다. 그러나 이제 발상을 한 번 더 전환해 보자. 과학자들이 만유인력에 대한 증거는 없지만 그것을 믿을 수밖에 없었던 이유는 만유인력이 없다면 무엇이 우주를 운행할 수 있는지에 대한 대안을 찾지 못했기 때문이다. 이것은 마치 신학자들이 신의 존재에 대한 증거는 없지만 신이 없다는 것에 대한 증명을 하지 못했기 때문에 어쩔 수 없이 신을 믿고 있는 것과 같다.

뉴턴의 만유인력 이론으로는 별의 운행을 명확하게 설명하기 어렵고, 별의 생성과 소멸에 대해서는 더더욱 설명이 안 된다. 올바른 이론이라면 별의 운행은 물론 별의 생성과 소멸도 명확하게 설명할 수 있어야 한다. 현재의 과학이론들은 현재의 미시적 현상은 그럴 듯하게 설명하지만 과거와 미래의 상황 혹은 우주 전체의 거시적 현상에 대해서는 잘 설명하지 못한다.

어떤 매개 수단도 없이 허공을 지나서 먼 곳에 있는 다른 별에 힘을 직접 작용할 수 있다는 만유인력이나 허공 자체가 힘을 발휘할 수 있다는 아인슈타인의 중력장은 공상 과학보다도 더 비과학적인 발상이다. 필자의 주장에 반감을 가지는 사람이 있을 것이므로, 나는 여기서 만유인력의 모순 아홉 가지를 지적해 보겠다.

첫째, 공식의 모순

만유인력의 공식은 존재 자체가 모순이지만 구성 내용도 매우 비과학적이다. 원운동에서 구심력(외력)이 작용하면 원심력은 관성저항에 의해서 저절로 생성되는 반작용이므로 원심력과 구심력의 크기는 같아야 하고, 따라서 두 힘의 크기를 계산하는 공식은 하나만 존재해야 하는데 공식이 따로 존재한다는 것은 있을 수 없는 일이다. 구심력(만유인력)과 원심력($f=mv^2/r$)이 따로 존재하므로 두 힘의 크기가 같을 확률은 제로에 가깝다. 그리고 설혹 같아졌다고 하더라도 그 상황을 계속 유지할 방법이 없다. 이와 같이 만유인력의 공식은 존재 자체가 모순이지만 그 구성 내용도 엉터리다. 질량이 똑같은 두 물체간의 만유인력을 10,000배로 증가시키려면 한 쪽의 질량만을 증가시킬 때는 10,000배로 증가시켜야 하는데, 양쪽에 나누어서 질량을 증가시키면 각각 100배씩만 증가시켜도 만유인력은 똑같은 10,000배의 효과가 나온다. 만유인력은 두 개의 힘(능력)이 만나서 합으로 증가하는 것이 아니라 곱으로 증가하는 공식이어서 물리학의 기본 개념인 총량보존의 법칙(에너지보존의 법칙)을 위반하고 있다. 질량이나 에너지는 서로 더할 수는 있으나 곱해서는 안 되는 물리량이다. 그런데 엉터리 만유인력의 공식으로 계산해도 인공위성이 왜 잘 떠있는지에 대해서 의아하게 생각하겠지만 그 이유는 뒤에서 따로 설명하기로 하겠다.

둘째, 무중력의 모순

우주 공간에 떠있는 무중력 상태의 우주선 안에서도 물체 간에는 만유인력이 여전히 존재하므로 서로 엉겨 붙어야 하고, 우주선 자체가 인력을 발생하므로 모든 부유 물체는 우주선의 몸체에 달라붙어 있어야 하는데 그들이 자유롭게 떠 있다는 것은 만유인력이 없음을 보여 주는 것이다. 무중력이 발생하려면 한 지점에 작용하는 우주 전체의 만유인력의 합이 제로가 돼야 하는데 그것이 수학적으로 불가능하며, 설혹 그런 지점이 있다면 역으로 그 옆에는 제로가 아니라는 것이 성립되므로 우주 어디에도 진정한 무중력 지대는 생길 수가 없다. 물체가 우주선 안에서 자유롭게 떠 있다는 것은 이론적으로는 불가능한 무중력이 실제로는 존재한다는 것이며, 이것은 역으로 만유인력이 존재하지 않는다는 것을 증명하는 것이다. 태양계가 우주의 중심이라면 무중력에 가까운 지대가 생길 수 있다. 그런데 우주의 변방에서는 우주 전체의 만유인력을 합하면 방향은 당연히 우주의 중심방향으로 작용해야 하므로 무중력은 있을 수 없다.

셋째, 확률의 모순

만유인력의 크기가 공식에 나타나는 것처럼 단순히 거리의 함수라면 3차원의 우주 공간에서 모든 방향으로 균등하게 작용해야 하고, 그렇다면 태양계의 행성들이 모두 같은 평면에서 같은 방향으로 공전해야 할 이유가 없다. 행성들이 모두 우연히 같은 평면에서 같은 방향으로 움직일 확률은 제로라고 봐도 무방하다. 태양계뿐만 아니라 은하계도 모든 구성요소들이 같은 평면에서 같은 방향으로 회전하고 있다는 것은 만유인력과는 다른 힘이 우주를 지배하고 있다는 것을 증명한다.

넷째, 속도의 모순

바닷물과 공기가 지구 인력에 끌려서 자전한다면 끌려가는 물체가 끄는 물체보다 더 빨리 회전할 수는 없다. 그런데 편서풍과 남극 순환 해류는 지구자전보다 더 빠른 속도로 앞장서서 지구의 자전방향으로 움직인다. 바닷물과 바람이 지구에 끌려가는 것이 아니라 지구를 끌고 가는 형상이다. 그리고 지구와 결합돼있는 물질들은 강제로 지구와 자전해야 하지만 움직임이 자유로운 공기가 지구 표면과 같은 속도로 자전해야할 이유가 없는데 그렇게 하려면 지구는 자전하지만 공기의 입장에서는 지구 중심에 대한 공전 운동이므로 그에 상응하는 구심력이 작용해줘야 한다. 그런데 공기가 모두 지구 자전과 같은 각속도로 공전하려면 회전 반경이 클수록 더 큰 구심력이 요구되는데 만유인력에 의한 구심력은 회전반경이 클수록 더 작아지는 모순이 생긴다. 그럼에도 불구하고 공기는 지구자전과 같은 각속도로 공전하고 있다. 바람이 없을 때에 구름이 상공에서 가만히 떠 있다는 것은 구름이 지표면과 같은 각속도로 공전하고 있으며 실제로는 지구 표면보다 빠르게 공전하고 있다는 것을 보여준다. 만유인력(중력)을 더 작게 받는 구름이 만유인력을 더 많이 받는 지표면의 공기보다 왜 더 빠르게 공전할까?

다섯째, 자전의 모순

물리학 교과서에 나오는 원운동은 한 점이 운동할 때에만 성립되는 이론적인 운동에 불과하다. 그리고 여러 개의 질점들이 모여서 이루어진 일반 물체에서는 각 질점에서 구심력과 원심력의 크기가 다르므로 이론적인 원운동이 성립이 되지 않는다. 그런데도 여전히 지구가 원운동을 한다는 것은 역으로 지구가 기존의 물리학 이론대로 운동하는 것이 아니라는 것을 증명하고 있다. 만약에 지구의 공전에서 구심력(만유인력)과 원심력이 평형을 이루는 질점(이론적인 원운동이 가능한 점)이 지구의 중심에 있다고 가정하면(구심력과 원심력은 작용과 반작용이므로 방향이 반대고 크기가 같아야 한다. 그러므로 각각의 질점에 작용하는 구심력의 총합과 원심력의 총합이 크기가 같아야 하므로 균형점이 중심 부근에 있어야 한다) 태양과 가까운 지구의 반쪽은 구심력이 원심력보다 더 크고, 반대로 먼 반쪽은 원심력이 구심력보다 크므로 지구는 구심력과 원심력의 차이에 의해서 반쪽으로 쪼개져서 정상적인 원운동을 할 수가 없다. 그러나 지구의 질점들이 딱딱한 지각과 지구중력으로 묶여 있어서 쪼개짐은 방지한다고 하더라도 각각의 질점에 작용하는 만유인력을 적분해서 총합의 작용점을 계산하면 작용점은 지구중심으로부터 약간 태양 쪽으로 있게 된다. 그리고 이와는 반대로 원심력은 각속도를 상수로 하고 거리를 변수로 적분해서 총합을 구하면 합력의 작용점은 지구 중심의 바깥쪽에 있게 되므로 원심력과 구심력의 작용점이 일직선상에 있지만 상당한 거리가 있기 때문에 지구가 자전을 하려고 하면 저항(복원)모멘트가 발생해서 자전을 할 수가 없다. 쉽게 설명하면, 공을 만유인력이라는 끈에 매달고 공전시키면 끈이 공의 중심에 묶여 있는 것이 아니라 중심보다 궤도 안쪽에 묶여있기 때문에 공이 끈에 붙들려서 자전을 할 수가 없다.

여섯째, 공전의 모순

태양(m)과 지구(m') 사이에 작용하는 만유인력($f=gmm'/r^2$)을 가속도의 공식($f=ma$)에 대입하면 태양의 가속도($a=gm'/r^2$)가 계산된다. 그런데 태양은 왜 운동하지 않는가? 아무리 태양이 무거워도 행성 쪽으로 끌려와야 하고 그것을 막으려면 태양도 원심력을 생산하기 위한 공전을 해야 한다. 태양계와 비슷한 모습과 원리로 운행되는 원자에서는 원자핵이 가만히 있지 못하고 주변의 전자와 함께 진동하는데 태양은 그러지 않는 것을 보면 태양계에 속하는 행성의 운동은 태양과 직접적인 상관이 없다는 것을 의미한다. 그런데 과학자들은 억지로 달의 기조력을 주장하기 위해서 지구와 달이 전체 질량의 중심점을 구심점으로 상호 공전을 하면서 지구 공전의 원심력에 의해서 달의 반대쪽에도 만조가 발생한다고 설명한다. 현실에 부합하는 이론을 만들려고 억지로 상호공전을 주장하지만 똑같은 원리로 운행되는 태양은 지구 공전에 반응하지 않는데 지구만 달의 공전에 반응한다는 것은 모순이다. 구심력과 원심력은 작용(외력)과 반작용(관성력)이므로 원운동은 물론 타원운동이나 불규칙 운동을 포함해서 모든 운동에서 다른 외력(마찰저항이나 지지저항)이 병존하지 않는 한 항상 크기가 같아야 한다. 그런데 지구에 대한 태양의 만유인력(구심력)과 지구 공전에 의한 원심력의 크기를 계산해보면 일치하지 않으므로 지구는 과학자들이 주장하는 원운동 이론에 의해서 공전하는 것이 아님이 자명하다.

일곱째, 조수의 모순

과학자들은 지구와 가까운 쪽과 먼 쪽에서 작용하는 달과 태양의 만유인력을 단순히 스칼라적으로 비교해서 달의 기조력이 태양의 기조력보다 2배나 크기 때문에 달이 조수에 영향력을 더 많이 미친다고 설명한다. 그런데 태양과 달이 지구에 작용하는 만유인력의 변화를 지구 중력과 비교해서 벡터적으로 계산하면 태양 인력의 변화가 달의 인력의 변화보다 약 200배 정도 더 크므로 달의 기조력이 크다고 주장하는 것은 거짓이다. 조수가 발생하는 이유는 바닷물에 작용하는 여러 개의 힘 사이에서 균형이 깨지기 때문이다. 그런데 구심력(만유인력)이 변하면 원심력도 항상 함께 변하므로 구심력과 원심력은 힘의 균형을 깨트리지 못할 뿐만 아니라 자신의 방향으로 물체를 운동시키지도 못한다. 그리고 지구표면에 미치는 달의 만유인력이 지구 표면 중력의 약 30만분의 1정도 밖에 안 되므로 달의 인력이 100배로 커진다고 해도 조수에 영향을 미치는 것은 불가능하다. 과학자들의 주장대로 달의 인력(중력) 때문에 조수가 발생한다면 달의 인력(중력)이 가장 클 때(달이 하늘의 정상에 있을 때)에 만조가 일어나야 하는데 4시간 정도의 차이가 있다. 중력은 중력을 발생시키는 주체와의 거리에 상관없이 실시간으로 작용하고 그 효과가 바로 나타나야 한다. 지구의 상공에서 물체를 자유낙하 시키면 지구와의 거리와 상관없이 지구 중력(인력)은 항상 미리 준비돼있으므로 효과가 0.1초도 안돼서 나타나기 시작하고, 5초만 지나면 시야에서 사라질 정도로 낙하한다는 것과 비교해 보면 조수는 달의 중력(인력) 때문에 일어나는 것이 아니라는 것을 알 수 있다. 중력은 우주 어디에서나 항상 준비돼있어서 즉시 작용해야 하며 실제로 그렇게 작용한다.

여덟째, 평균 해수면의 모순

과학자들이 제작해 놓은 평균해수면(지오이드)과 지구타원체를 비교한 그림에 의하면 평균해수면이 바다에서는 지구타원체보다 낮고 산맥에서는 높다. 산맥 속에서 어떻게 평균해수면을 측정했는지 잘 모르겠지만 바다에서 측정한 것은 실측이니까 맞을 것이다. 그런데 바다에서 평균해수면이 지구타원체 보다 낮다는 것은 바다 쪽의 중력이 평균중력보다 더 크다는 의미다. 중력은 잡아당기는 힘이므로 당기는 힘이 강한 쪽의 해수면이 내려가고 약한 쪽이 부풀어 올라야 하기 때문이다. 그런데 만유인력의 법칙으로는 바다가 육지보다 비중이 적은 물질로 돼있을 뿐만 아니라, 주변의 산맥에서 역방향으로 인력이 작용하기 때문에 만유인력이 육지보다 작아서 수면이 부풀어 올라야 하는데 정 반대의 현상이 나타난다. 쉽게 설명하면 달이 해수면에 가까워지면 달의 중력이 지구의 중력을 삭감시켜서 지구의 중력이 약해지므로 바닷물이 부풀어 오르는 것이 바로 만조현상이며 풍선이 약한 부위에서 부풀어 오른 것과 같은 이치인데 평균해수면이 반대로 움직인다는 것은 바다 쪽의 중력이 만유인력의 법칙과는 반대로 산맥보다 더 크다는 증거다.

아홉째, 내부의 모순

만유인력이 지구 밖에서는 그럴듯하게 설명이 된다. 그런데 지구 속으로 들어가면 상황은 달라진다. 지구 중심에서는 만유인력(구심력)은 사라지고 지구 자전에 의한 원심력만 존재하므로 탈수를 마친 세탁기처럼 지구의 중심은 비워져있어야 하는데 과학자들의 주장에 의하면 중심부의 밀도가 지표보다 높다고 한다. 빠르게 달리던 자동차가 속력을 줄이지 않고 곡선도로를 달리면 도로 밖으로 튕겨나간다. 그것을 보고 물리학자들은 자동차가 원심력을 이기지 못하고 도로 밖으로 밀려나갔다고 설명한다. 그러나 그것은 착각이다. 자동차에는 구심력이 없었고 따라서 그에 상응하는 원심력(관성력)도 없었으며 따라서 자동차는 곡선도로에서 관성에 따라서 직진을 한 것(현재 상태를 유지한 것)에 불과하며 원심력 때문에 밀려나간 것이 아니다. 물리학자들의 설명은 자동차라는 운동계 안에서 느끼는 착각이며 운동계에서 인식된 것은 모두 거짓에 불과하다. 세탁기 안의 세탁물에는 도로 위의 자동차처럼 구심력이 없으므로 관성으로 직진한 것이며 직진을 하다보니까 바깥쪽으로 몰리게 되는 것이고, 지구의 중심부도 구심력(만유인력)이 없으므로 물질들이 바깥쪽으로 쏠려야하고 중심은 비워져 있어야 옳다. 지구 중심부가 물질로 꽉 차 있다는 것은 만유인력과는 다른 힘이 작용한다는 증거다.

이상 아홉 가지 모순과 같이 만유인력은 가설에 의한 주장만 있을 뿐이며 만유인력이 존재한다는 직접적인 증거는 물론 만유인력이 작용하는 원리나 방식에 대한 설명도 없다. 그동안 수많은 과학자들이 만유인력의 원리를 찾으려고 노력해왔지만 찾지 못했는데 존재하지 않는 것을 어떻게 찾아내겠는가? 종교인들이 신의 존재에 대한 증거가 없는데도 신을 믿는 것과 과학자들은 만유인력이 존재한다는 증거가 없는데도 만유인력을 믿는 행태는 매우 유사하다. 오늘날의 천체물리학은 과학이 아니라 과학이라는 이름의 종교이다.

만유인력이 중력의 구실을 하려면 언제 어디서나 모든 물체에게 실시간으로 작용해야 한다. 만약에 빠르게 운동하는 물체에 만유인력을 적용시키려고 힘을 발사했다고 치자. 만유인력이 정확히 실시간에 작용하지 않으면 운동하는 물체는 이미 힘의 도착점을 떠나버렸기 때문에 그 물체에 만유인력은 작용하지 않는다. 그렇다고 물체의 운동을 미리 분석하고 도착예정 지점에 힘을 발사할 수 없으므로 만유인력을 정상적으로 적용시킬 수 있는 방법은 사실상 없다.

과학자들은 만유인력의 작용원리를 규명하기 어려우므로 궁여지책으로 우주가 중력장이라는 그물을 우주 전체에 깔아놓고 작용시킨다고 말한다. 하지만 시시각각 변하는 별들의 위치에 따라서 새로운 중력장을 무한대의 속도로 무한대의 시간동안 무한대의 공간에 계속 다시 깔아야 하는 에너지는 어디서 나올 것이며, 불규칙하게 비틀어진 허공이 무슨 능력으로 육중한 별들의 궤도를 예쁜 타원형으로 바꾼단 말인가?

아인슈타인은 만유인력의 모순을 보완하기 위해서 중력장(휘어진 공간)을 주장했는데, 설혹 공간이 휘어졌다고 해도 방어적으로 작용하는 휘어진 공간은 운동하는(반항하는) 물체에는 영향을 줄 수 있지만 정지한(순종하는) 물체에는 아무런 영향을 줄 수 없는데 정지한 물체에도 여전히 중력이 작용하는 현상을 어떻게 설명할 것인가?

과학자들이 설명하는 휘어진 공간에 대한 개념도를 보면 평면적인 중력장의 그물 위에 무거운 별이 가라앉은 상태로 있는데, 상하 개념이 없는 3차원 우주 공간에서 별이 어떻게 어느 특정한 방향으로 가라앉는단 말인가? 과학자들은 중력장이나 전자기장의 개념을 그럴 듯하게 설명하기 위해서 3차원에서 발생하는 현상을 1~2차원의 개념으로 단순화시켜서 설명하면서 오류를 만들어 낸다. 만약에 중력장이 존재한다고 하더라도 중력장의 모양은 우주의 모든 별들에서 발생하는 중력의 합력으로 나타나야 하므로 과학자들이 제시하는 모형도처럼 그렇게 가지런하게 생길 수도 없으며 따라서 행성의 공전 궤도가 2차원 평면 내에서 만들어 질 확률은 제로라고 봐도 무방하다.

▼ 빛과 중력은 남남이 아니다

과학자들의 주장과는 반대로 관성력은 가상의 힘이 아니라 실질적인 힘이며, 오히려 만유인력이 가상의 힘이고 실제로는 존재하지 않는다. 그렇다면 중력은 어떻게 발생하는지에 대해서 논해보자.

소리는 바람에 의해서 휘어진다. 소리와 바람은 같은 소재(공기)로 만들어지기 때문이다. 빛도 중력에 의해서 휘어진다. 그런데 중력은 물질의 무게를 만들어내는 힘인데 어떻게 빛(물질이 아닌 에너지양자로 이루어진 것)에게 영향을 미칠 수 있을까? 빛이 중력에 영향을 받는다면 빛과 중력도 소리와 바람처럼 같은 소재로 만들어졌을 가능성이 크다. 그리고 빛이 중력(블랙홀이나 항성)에 의해서 휜다는 것은 빛이 중력에 의해서 가속이나 감속도 가능하다는 증거이다. 중력은 진공 속에서도 작동하는데 빛이 어떻게 진공 속에서(우주 공간에서) 중력의 영향을 받지 않고 등속을 유지할 수 있을까? 빛의 속도가 진공 속에서 일정하다는 이론은 모순으로 가득하다. 우주 어디에도 진정한 진공은 존재할 수가 없기 때문에 존재하지 않은 진공 속에서 등속을 유지한다는 가정 자체가 우선 모순이다.

빛이 에너지양자로 되어있고, 운동에 외부저항이 없다면 빛은 자체의 관성저항도 없으므로 빛이 발사되는 순간에 무한대의 속도가 발생해야 마땅하다. 그런데 빛의 속도가 무한대가 아니라 제한적이며 공기나 물속 혹은 유리 속에서 서로 다르다는 것은 빛의 운동에 저항이 존재한다는 증거이다. 총알의 속도를 짧은 거리에서 측정하면 등속으로 직진하는 것처럼 보이지만 먼 거리에서 측정하면 감속되면서 곡선으로 운동한다. 모든 운동은 어떤 형태로든 저항이 생기므로 완전한 등속을 유지할 수가 없다. 어떤 존재가 이웃에게 아무런 영향을 안 받는 다는 것은 역으로 이웃에게 아무런 영향도 줄 수도 없다는 것이며, 그런 존재는 사실상 존재할 수 없다. 빛이 발생했다는 것은 빛이 누군가에게 영향을 받았다는 것을 의미하며 영향을 받았다는 것은 저항했다는 것을 의미한다. 왜냐하면 저항이 없이 영향을 받을 수 있는 방법은 물리적으로 불가능하기 때문이다.

그리고 빛이 반사될 때에 반사 물체에 복사압이 작용한다는 것은 역으로 빛도 복사압만큼의 힘을 반작용으로 받는 다는 것을 의미한다. 아울러 그 반작용(외력)에 의해서 빛의 운동량도 변하므로 빛의 변속이 일어난다는 것을 의미한다. 과학자들은 다만 짧은 거리에서 빛의 속도를 측정하고 빛이 등속으로 간다고 가정해서 빛의 속도를 초속 30만 킬로미터라고 계산했을 뿐이며 실제로 빛이 1초에 30만 킬로미터를 가는지 측정한 적도 없다. 저항에 의해 변속할 수밖에 없는 빛이 1초에 30만 킬로미터를 가고 2초에 60만 킬로미터를 간다고 어떻게 확신할 수 있는가? 파동에 외력(저항)이 작용하지 않으면 파동은 관성에 의해서 오직 직진만 가능하다. 파동의 경로가 변했다는 것은 외력이 작용했다는 것이며, 외력이 작용해도 스칼라적 속도가 변하지 않는 운동은 오직 원운동(물체의 진행방향에 외력이 90도로 작용하는 운동)뿐이다.

파동이나 물체가 등속으로 가다가 갑자기 속도가 제로로 되는 방법은 물리학적으로 불가능하다. 그러므로 운동이 정지하려면 점점 감속되어서 속도가 제로가 돼야 한다. 이것을 역으로 해석하면 정말로 등속으로 가는 파동이나 물체는 정지할 수 없다는 것이므로 영원히 운동해야한다는 모순적인 결론에 도달한다. 그러므로 우주에 정말로 등속으로 가는 파동이나 물체는 있을 수 없다. 과학자들이 빛의 속도가 일정하게 30만 킬로미터라고 주장하는 것은 참으로 비과학적인 주장이다. 빛의 속도가 초속 30만 킬로미터라는 것을 주장하려면 빛이 등속으로 간다는 것을 먼저 증명해야 한다. 빛이나 소리가 감속되지 않고 정말로 등속으로 운동한다면 파동은 영원히 소멸되지 않게 되는 모순이 발생하며 그러면 우주는 어지러워서 혼란에 빠진다. 그리고 정말로 빛이 등속으로 운동한다면 빛에는 저항이 없다는 증거이고 저항이 없다면 오직 직진만이 가능하므로 빛은 반사나 굴절이 없이 계속 직진해서 우주 밖으로 나가버려야 옳다.

우주에서 탄생한 모든 것은 언젠가는 사망하고, 발생한 모든 것은 언젠가는 소멸한다. 그래야 우주에서 진정한 총량보존의 법칙이 성립된다. 총량이 보존되기 위해서는 새로운 것이 발생하는 만큼 기존의 것이 소멸해야 한다. 만약에 빛이 생성만 되고 소멸하지 않는다면 우주에서 어둠은 차츰 사라져야 하는 모순이 발생한다. 그리고 빛이나 다른 파동이 지구상의 관측자에게 직진하는 것처럼 관측됐다면 그 파동을 지구 밖에서 바라보면 직진한 것이 아니라 지구의 자전과 공전궤도를 합성한 곡선으로 운동했다는 것을 의미한다.

과학자들의 이론대로라면, 우주의 모든 물체는 그 물체가 존재한 이후부터 계속해서 만유인력(중력)과 광자(원적외선과 같은 비가시광선 포함)를 발사하고 있다. 그런데 물체가 그렇게 끊임없이 에너지를 소모하고 있는데도 물체의 질량은 전혀 줄어들지 않는 신비한 현상이 일어난다.

물체가 만유인력이나 광자를 계속 발사하려면 물체 안에 만유인력과 광자를 제조하고 발사하는 시스템이 있어야 한다. 과학자들이 그 시스템을 찾아낼 능력이 있다면 아마 우리 몸속에서 영혼이 어디에 숨어 있는지도 찾아낼 수 있을 것이다. 물체의 질량이 변하지 않으면서 광자를 발사한다면 에너지보존의 법칙을 위배한다. 만약에 빛을 발사하는 물체가 광자를 생산하는 것이 아니라 이미 공중에 가득한 광자(빛의 매질)들에게 운동량만 부여하는 것이라면 빛이 일반 파동과 무엇이 다른가? 그리고 우주의 모든 물체가 태초 이후부터 지금까지 발사한 수많은 광자들은 어디서 무엇을 하고 있기에 아직도 우주는 어둠으로 가득할까?

가시적인 모든 물체는 빛을 반사한다. 빛을 반사한다는 것은 빛에 영향을 준다는 것이고, 역으로 빛의 영향을 받는다는 것이다. 모든 물체가 열을 받으면 분자의 진동이 커지면서 그에 상응하는 빛(비가시광선 포함)을 발사하며 또 자신에게 다가오는 빛을 반사해서 자신의 존재를 남에게 알린다. 그런데 비가시적인 물질들은 빛을 반사하지 않으므로 자신의 존재를 세상에 드러내지 않게 되고, 따라서 인간의 시각으로 감지하지 못한다. 비가시적인 물질은 빛의 진로를 방해하지 않으므로 빛이 반사되지 않는다. 물체를 구성하는 분자의 운동에는 병진운동과 회전운동이 있는데 병진운동의 크기는 속도로 나타나고, 회전운동의 크기는 온도로 나타난다. 그 속도와 온도가 소리와 빛을 발생하게 하는 원인이다. 이와 같이 소리와 빛이 물체의 운동에 의해서 발생하는데 소리는 풍력에 영향을 받고 빛은 중력에 영향을 받는 관계라면 중력 또한 풍력처럼 물질의 운동에 의해서 발생할 수 있음을 추정해볼 수 있다. 빛과 소리는 자연에서 발생하는 대표적인 파동으로서 인간의 기본적인 두 감각기관 즉 눈과 귀를 통해서 먼 곳의 상태를 인식하게 하는 수단이며 서로 매우 유사한 작동관계를 가지고 있다. 빛과 중력의 관계를 알기 위해서 먼저 중력이 어떻게 발생하는지 알아보고 빛과의 관계도 살펴보기로 하자.

진공을 포함해서 우주의 모든 공간에는 우리가 인식하지 못하는 소립자들(우주기체)로 가득하다. 그리고 성장과정에 있는 모든 별들은 별의 중심부에서 주변에 있는 소립자들을 융합해서 원자(물질)들을 생산한다. 지구 내부에서 물질들이 생성되면 내부 압력이 올라가므로 생성된 물질의 일부가 밖으로 분출되는 것이 소위 화산이다. 지금도 지구 내부에서는 핵융합이 끊임없이 일어나고 있으므로 화산작용을 통해서 가끔씩 밖으로 분출물을 토해내는 것이며 태양에서도 분출현상을 일으키므로 태양풍이 발생한다.

별의 중심부에서 우주기체(소립자)가 수소나 헬륨으로 융합되면서 소립자들이 소진되므로 우주저기압이 생기는데 그것을 메꾸기 위해서 별들 주변의 소립자들이 별의 중심부로 계속 흘러들어간다. 이때 소립자들이 주변의 물체들과 충돌하면서 발생하는 충격력(우주기체의 풍력)이 바로 중력이다. 그러므로 중력은 만유인력에서 나오는 것이 아니라 물체들의 충돌에서 나온다. 지구 내부는 엄청난 고압인데 어떻게 소립자들이 흘러 들어갈 수 있겠느냐고 반문하겠지만 소립자들은 일반 물체들에 의해서 만들어진 압력(운동)과는 별개로 '동류 경쟁의 법칙'으로 움직인다. 공기 중에서도 일부 지역에 산소가 부족하면(산소 저기압이 발생하면) 전체 기압의 크기와 상관없이 다른 곳에서 산소가 보충돼서 일정한 공기조성비를 유지하게 되는 것과 같은 원리이다.

자유로운 소립자와 같은 유체가 운동하는 방식에는 크게 두 가지가 있다. 직류와 교류다. 직류를 다른 이름으로 바람이라고 부르고 교류를 파동이라고 말한다. 물체가 진동해서 공기를 진동시키면 소리가 되고, 역으로 공기가 바람이 돼서 물체에 충돌하면 풍력으로 나타난다. 그와 유사하게 물체 속의 분자가 진동해서 소립자를 진동시키면 빛을 생산하고, 역으로 소립자가 바람이 돼서 분자에 충돌하면 중력으로 나타난다. 간단히 말하면, 공기(지구기체)의 진동(교류)이 소리고 공기의 이동(직류)이 풍력이듯이 소립자(우주기체)의 진동(교류)이 빛이고 소립자의 이동(직류)이 중력이다. 소리와 풍력 그리고 빛과 중력은 모두 물질의 진동(교류 운동)과 이동(직류 운동) 즉 물질의 운동에 의해서 발생한다. 중력, 풍력, 수력, 화력, 기압, 수압을 포함해서 우주에서 발생하는 모든 현상적인 힘은 물체간의 충돌에서 나오는 관성력(관성저항)이다. 어떤 존재가 상대에게 영향을 받는다면 역으로 자신도 상대에게 영향을 줄 수 있으며 이렇게 이웃하는 존재들의 충돌에 의해서 우주의 모든 변화가 일어난다. 우주는 모든 존재들 간의 싸움에서 발생하는 힘과 그 힘의 작용법칙에 따라서 운행된다. 필자가 주장하는 중력 방식과 그로 인해 파생되는 이론을 적용하면 만유인력의 모순과 상대성이론에서 주장하는 이상한 현상들은 물론 자연과 사회의 모든 현상들(정치, 경제, 종교, 생명)까지 합리적으로 설명이 가능하다.

우리가 진공이라고 생각하는 공간은 분자 규모 이상의 물체가 없는 진공일 뿐이며 소립자(우주기체)의 진공은 아니다. 그러므로 소립자를 매질로 전파되는 빛은 입자성과 파동성을 동시에 지니는 신비한 에너지양자의 도움이 없어도 입자처럼 진공을 통과할 수 있으며, 파동처럼 회절과 간섭도 일으키고 도플러 효과도 나타난다. 빛의 매질인 소립자들(우주기체)의 바람(중력)에 따라서 빛은 휘기도 하고, 블랙홀에서는 매우 강한 중력에 의해서 도플러 효과가 크므로 빛이 비가시광선으로 바뀌거나 후퇴해서 블랙홀에 흡수될 수도 있다.

태풍이 자동차를 넘어트리거나 굴릴 수는 있지만 수십 미터 공중으로 들어 올리지는 못하는데, 토네이도는 대형 트럭도 하늘로 높이 들어 올릴 뿐만 아니라 반경이 수백 미터나 되는 거대한 물기둥을 수백 미터 높이까지 만든다. 왜 그럴까?

과학자들은 토네이도가 대기의 온도차에 의해서 발생한다고 설명하지만 온도 차가 겨우 섭씨 30~40도에서 그런 현상이 생길 수는 없다. 대규모 산불이나 거대한 화산 위에서 대기의 온도차가 수백도가 나지만 토네이도가 발생하지 않는다는 것을 보면 잘 알 수 있다. 온도 차이에 의한 공기의 흐름(대류현상)은 매우 느리다. 큰 공장의 굴뚝에서 나온 뜨거운 연기가 천천히 올라가는 것을 보면 쉽게 알 수 있다. 토네이도는 온도 차이에 의한 바람이 아니라 두꺼운 구름층(적란운)에 의해서 중력의 흐름이 방해를 받으면 중력 바람의 균형이 깨져서 발생하는 일시적인 와류에 의한 바람이다. 그러기 때문에 중심부에서 무중력 상태가 일어나면서 무거운 물질들이 가볍게 떠오를 수 있는 것이다. 좀 더 이해하기 쉽게 예를 들어서 설명하면, 물이 가득 찬 큰 수조의 바닥에 있는 배수구의 마개를 빼고 조금 기다리면 배수되는 물이 와류를 형성하면서 마치 토네이도와 같은 깔때기 모양의 공기 기둥이 생긴다. 물이 가득 찬 수조 안에서도 수압이 없는 소위 무수압지대가 생기듯이 중력도 흐르다가 장애물에 의해서 와류가 발생하면 중심에 무중력지대가 발생하는 것이다. 태풍의 영역은 수백 킬로미터로 광대하면서도 외부와 중심부의 기압차이가 겨우 10% 이내의 작은 차이에 불과하지만 토네이도는 불과 수백 미터 범위 내에서 기압이 90% 이상이나 변하면서 중심부는 거의 진공 상태가 된다. 이런 현상은 단순히 공기의 흐름만으로는 결코 일어날 수 없는 현상이다. 반경이 수백 미터가 되는 거대한 진공 기둥에 작용하는 대기압의 힘은 상상할 수도 없을 만큼 큰데 그런 정도의 큰 진공 기둥에 작용하는 대기압은 두꺼운 철판으로도 막기 어렵다.

이와 같이 토네이도는 기온 차에 의한 대류현상이 아니라 중력의 크기가 변하므로 발생하는 현상이다. 그리고 지구의 중력은 만유인력이 주장하는 위치의 함수가 아니라 우주기체의 속도와 밀도의 함수이다. 지구로 불어오는 중력바람이 달에게 부딪히고 우주기체의 일부가 달에게 흡수되면서 달의 뒤 쪽에는 우주기체의 저기압이 발생해서 다른 곳보다 약해진 중력바람이 지구까지 도착하는데 약 4시간이 걸린다. 그래서 달의 위치와 조수의 만조 위치가 4시간 정도의 차이가 나는 것이다. 그리고 달에게 흡수된 만큼의 우주기체를 보충하기 위해서 달의 반대쪽에서 지구로 불어오던 중력바람의 일부가 달 쪽으로 이동하면서 달의 반대쪽에도 우주저기압이 발생해서 만조가 발생하는 것이다. 태양으로 불어 들어가던 중력바람의 일부가 지구로 흡수되고 지구로 들어오던 바람의 일부가 달에 흡수되므로 달이 지구의 중력에 영향을 미치지만 태양은 지구의 중력에 영향을 못 미친다. 그리고 바람개비가 자신의 회전평면을 바람과 수직으로 유지하듯이 팽이도 회전평면을 중력바람과 수직으로 유지하려고 하므로 기울어진 팽이가 다시 일어선다. 팽이의 복원력은 팽이가 운동하는 방향에 따라서 중력의 크기가 변하므로 일어나는 현상이다. 팽이에 발생하는 운동중력에 의한 모멘트가 정지중력(평균중력)에 의한 모멘트보다 크면 팽이가 일어서고 작으면 넘어진다. 정지중력에 의한 모멘트는 일정하지만 운동중력에 의한 모멘트는 회전속도가 클수록 커지기 때문이다.

　지구 공전의 구심력은 태양의 만유인력이 아니라 태양으로 불어 들어가는 중력바람과 지구의 충돌 때문이며 달의 구심력도 지구로 불어 들어가는 중력바람과 달의 충돌로 인해서 만들어진 것이다. 그래서 태양은 지구가 공전을 하든지 말든지 신경 쓰지 않고 가만히 있는 것이며, 그와 같이 지구도 달의 공전과 상관없이 흔들리지 않고 자신의 공전만 열심히 한다. 중력을 바람으로 생각하면 앞에서 열거한 만유인력의 모순들이나 '과학자들을 향한 질문 40가지'에서 중력에 관한 의문들이 모두 사라진다. 만유인력은 시간과 공간을 초월하는 무한능력이 있어야 중력으로서 작용할 수 있지만, 바람의 중력은 평범한 능력만으로 시공간을 초월해서 언제 어디서든지 즉석에서 작용할 수 있다. 바람의 중력은 우주의 모든 곳에서 준비된 중력이므로 아인슈타인의 중력장과 기본 틀이 매우 유사하고 중력과 빛의 관계만 이해하면 상대성이론과 에너지양자이론의 현상을 고전물리학의 단순한 운동역학으로 매우 합리적으로 설명할 수 있다.

▼ 관성력은 가상의 힘이 아니다

신학자가 성경의 오류를 발견하고 과학자도 과학의 오류를 인식하지만 그들은 오류를 바로잡지 못한다. 왜냐하면 그들은 자신들의 믿음이나 지식에 함몰되고 고착되어 있기 때문이다. 통찰력을 원하는 자가 제일 먼저 가져야 할 자세는 마치 유체이탈을 한 것처럼 자신의 주관에서 벗어나서 객관적인 시각으로 정직하게 주변과 사물은 물론 자신도 바라보는 것이다. 그리고 그 자세는 모든 학문에도 공히 필요한 자세이다.

과학자들은 물체의 운동을 관성계와 운동계라는 2개의 관점에서 관찰하면서 서로 다르게 느껴지는 2가지 현상을 하나의 이론으로 설명하기 위해 가상의 힘(관성력)을 도입했다. 운동계에서 관찰되거나 느껴지는 것은 모두 관찰자의 착각(주관)이며 진실이 아니다. 그런데 그것을 관성계의 현상과 통합해서 하나의 이론으로 설명하려고 시도하면서 오류를 자초하게 됐고, 억지 이론을 만들다보니까 상대성이론까지 창안하게 되었다.

우주의 모든 변화는 힘의 작용에 의해서 일어나고 따라서 우주의 이치를 다루는 물리학에서 가장 기본 적인 요소가 힘이다. 그런데 이 힘에 대한 인식에서 과학자들의 오류가 시작된다. 물질이 가지고 있는 힘은 크게 2가지가 있는데 하나는 물질이 항상 가지고 있는 본질적인 힘(상수 : 약력, 강력, 전자기력)이고, 또 하나는 물질이 충돌하는 순간에만 생성되는 현상적인 힘(변수 : 충격력, 풍력, 자력, 전력, 중력, 관성력 등과 같이 본질적인 힘을 제외한 우주의 모든 힘)이다. 물질이 가지고 있는 이 2가지 힘(본질력과 현상력: 상수와 변수)의 다툼에 의해서 물질이 결합(융합)하거나 분산(폭발)하면서 우주는 끊임없이 변화한다. 예를 들면, 망치로 벽돌을 강하게 내려치면 벽돌이 쪼개지는데 이것은 망치의 운동에 의한 충격력(현상력)이 벽돌의 구조적인 결합력(본질력)과 싸운 결과가 외부로 나타난 현상이다. 본질적인 힘은 물질 간의 관계를 일정하게 유지하는 힘이며 현상적인 힘은 그 관계를 깨트리는 힘이다. 그러므로 물질이 가지고 있는 두 개의 힘(상수와 변수) 중에서 변수가 상수보다 커지면 물질이 분산하고, 변수가 상수보다 작아지면 물질이 결합한다. 이때에 열역학 제2법칙과 반제2법칙이 교대로 나타난다. 따라서 힘과 운동에 대한 인식이 올바르면 모든 물리 현상을 정확하게 이해할 수 있다.

어떤 물체에 힘(외력)을 가하면 저항이 발생하는데 외부저항(마찰저항이나 지지저항)만으로 외력을 견디지 못하면 물체는 운동(이동)을 하게 된다. 이때에 외력과 저항의 차이만큼의 힘에 의해서 가속이 발생하고, 가속이 발생하면 가속저항(관성저항)이 나타나게 된다. 그러므로 물체가 정지하고 있거나 혹은 운동하고 있는 것과 상관없이 항상 외력과 저항(외부저항과 관성저항의 합)의 크기는 같고 방향이 반대가 된다. 이것을 전문용어로 표현하면, 어떤 물체에 작용하는 외력(작용)과 저항(반작용)의 벡터적인 합은 항상 제로가 된다는 것이며, 이것은 뉴턴의 운동 제1, 2, 3의 법칙을 모두 하나로 통합한 것과 같다.

어떤 물체에 힘을 가할 수 있다는 것은 그 물체가 저항하기 때문에 가능하며 상대가 저항하는 만큼만 힘을 가할 수 있다. 만약에 상대가 저항하지 않으면 힘을 가할 방법이 없으며, 반대로 자신도 상대의 저항에 견딜 수 있는 능력이 있을 때만 상대에게 힘을 가할 수 있다. 질량이 없는 존재가 있다면 힘을 가하는 순간에 자신에게 무한가속도가 발생해서 먼 곳(우주 밖)으로 밀려가버리므로 힘을 가하거나 받을 방법이 없다. 우주 안에는 어디든지 힘과 간섭이 있으므로 질량이 없는 존재는 버티지 못하고 모두 우주 밖으로 밀려나가야 한다. 물질들이 상대와 충돌할 때에 자신의 운동량이 감소하면서 그 대가로 상대에게 힘을 작용하게 된다. 상대를 가속시키면 자신은 감속을 받게 되므로 물리학 교과서에 나오는 것처럼 가속 상태에서도 힘의 크기를 일정하게 유지하는 외력(f=ma)은 자연에는 존재하지 않으며, 실험실에서도 불가능하다. 상대에게 영향을 주려고 하면 영향을 주는 동안에 자신도 버텨야 가능하므로 질량이 없는 존재가 우주 안에서 할 수 있는 일은 아무것도 없다.

자연의 모든 변화는 작용(외력)과 반작용(저항)이라는 현상에 의해서 일어난다. 그런데 사실은 그 용어가 잘못되어있다. 마치 작용이 먼저 일어나면 그에 따라서 반작용이 일어나는 것처럼 오해하게 만든다. 두 물체가 충돌해서 한 쪽이 가속되면 다른 쪽은 그만큼 감속되면서 서로 상대에게 힘을 동시에 작용하게 되므로 엄밀하게 말하면 작용과 반작용의 구분은 없다. 나의 반작용이 상대에게는 작용이 되며 상대의 반작용이 나에게는 작용이 되기 때문이다. 엄밀하게 말하면 모든 충돌은 동시에 일어나며 따라서 누가 먼저라고 말할 수 없다. 그러므로 모든 작용은 작용이면서 동시에 반작용에 해당되므로 따라서 작용이 외력이라면 당연히 반작용(관성력)도 외력에 해당된다.

생명체들은 의도를 가지고 접근(충돌)하는 경우가 많다. 그러나 누가 먼저 의도를 가지고 접근했더라도 현실적인(물질적인) 충돌은 동시에 일어난다. 실험실에서 물리실험을 할 때에도 실험자가 의도적으로 충돌시키더라도 실제로는 동시에 충돌하는 것이며 작용과 반작용의 구분은 불가능하다. 자연에서의 충돌은 가해자와 피해자 혹은 작용과 반작용으로 구분되는 것이 아니라 두 물체 사이에 똑같은 힘이 서로 반대로 작용하면서 그만큼에 해당하는 운동량의 변화만이 존재한다.

과학자들이 자연에서는 존재하지도 않는 이론적인 힘(f=ma)을 가지고 자연의 현상을 설명하려고 하니까 오해나 착각을 하게 되면서 수많은 엉터리 이론을 만들어 내게 됐다. 자연에서 발생하는 모든 외력은 물체의 충돌에 의해서 발생하며 물체가 충돌할 때에 관성력은 반작용하는 물체뿐만 아니라 작용하는 물체에서도 똑같이 나타나므로 각자의 관성력이 상대를 가속 혹은 감속시키는 외력으로 작용한다. 자신의 저항력(관성력)이 상대에게는 작용력(외력)이 되고 상대의 저항력(관성력)이 자신에게 작용력(외력)이 되므로 관성력은 가상의 힘이 아니라 물체를 가속하거나 감속하게 만드는 실질적인 외력이다.

결론적으로 말하면, 관성은 현재 상태를 유지하는 가상의 힘(잠재해 있지만 밖으로 나타나지 않는 힘)이지만 관성력은 잠재해 있던 가상의 힘이 밖으로 나타나는 현실적인 힘이다. 다시 말해서 관성력은 관성을 방해하면 나타나는 저항이며 실질적인 힘이다. 그리고 중력, 전력, 자력 등을 포함해서 자연에서 작용하는 현상적인 힘은 모두 관성력(충격력)이며 관성력 이외의 다른 힘은 존재하지 않는다.

▼ 에너지는 실재가 아니라 현상이다

인간의 감각기관으로 인식하는 것을 크게 두 가지, 즉 본질과 현상으로 분류할 수 있다. 본질은 처음부터 있던 것이며 영원히 있는 것이고, 현상은 일시적으로 나타났다가 없어지는 것인데 엄밀히 말하면 현상은 원래부터 없었던 것인데 있는 것으로 착각하는 것이다. 물질 자체와 물질이 가지고 있는 고유의 성질(물질의 결합력)을 제외하고 인간이 느끼는 모든 것은 실재가 아니고 현상이다. 예를 들면 무게, 소리, 빛, 색깔, 모양, 전파, 열, 시간, 의식 등은 모두 현상이다. 소리는 공기의 진동이고, 바람은 공기의 이동이고, 전류는 전자의 이동이고, 전파는 자기장(양전자)의 진동이고, 열(온도)은 분자의 진동이고, 빛은 소립자의 진동이고, 무게는 소립자의 충돌이고, 시간은 사물의 변화이고, 의식은 신경의 작동에 불과하며 이들은 모두 물질의 운동 상태가 변하면서 나타나는 현상에 불과할 뿐이며 별도의 개체가 존재하는 것이 아니다. 물질의 다양한 색깔은 빛의 작용이며 빛이 없다면 색깔도 없다. 어둠 속에서는 모든 물질의 색은 사라진다. 그 물질이 어떤 파장의 빛을 반사하느냐에 따라서 색깔이 결정된다. 우주에는 어디에나 물질들로 가득한데 밀도가 높은 것만 인간의 눈에 인식되며 그 인식된 형태를 모양이라고 부른다. 모양이라는 것은 물질의 밀도가 높은 곳과 낮은 곳의 경계선에 불과하며 영구불변의 형태가 아니다. 그러므로 모양도 장기적인 관점에서 보면 결국에 사라지는 일시적인 현상에 불과하다.

그리고 중력을 포함해서 물질의 충돌에서 발생하는 힘(관성력; 현상적인 힘)은 실제로 존재하는 힘이 아니다. 내가 우주의 작동 원리를 알기 쉽게 설명하기 위해서 힘을 본질적인 힘과 현상적인 힘으로 구분했지만 소리(현상)가 실제로 존재하지 않는 것처럼 충격력(현상적인 힘)도 실제로는 존재하지 않는 현상에 불과하다. 왜냐하면 서로 다른 두 물질이 충돌하려고 하면 물질이 가지고 있는 본질적인 힘이 충돌을 막기 위해서 서로 밀어내서 실제로 충돌은 일어나지 않으므로 물질이 서로 밀어내는 힘은 사실상 본질적인 힘의 작용인데, 그것을 우리는 관성력(충격력)이라고 생각하는 것이다. 그러므로 우주에는 오직 본질적인 힘만 존재하며 현상적인 힘은 말 그대로 본질적인 힘의 작용에 의해서 나타나는 현상에 불과하다.

우주에 두 개의 힘이 존재한다는 것은 마치 두 개의 원리나 두 개의 신(하나님과 사탄)이 공존한다는 것과 같아서 모순이 발생한다. 그리고 두 물질이 충돌할 때에 관성이 너무 강해서 두 물질이 적정한 거리 이하로 가까워지려고 하면 두 물질 중에서 결합력이 약한 물질이 변형되거나 파괴되므로 두 물질은 더 이상 가까이 갈 수 없어서 결코 실질적인 충돌은 일어나지 않는다. 분자 단위의 미세한 거리에서 관찰하면 중력을 포함해서 모든 관성력(현상적인 힘)은 물질의 직접적인 충돌에 의해서 일어나는 것이 아니라 충돌을 막기 위해서 서로 밀어내는 본질적인 힘에 의해서 발생하는 것이며 그것을 우리는 충돌에 의해서 발생하는 힘이라고 착각하는 것이다.

우주는 그저 존재하는 것이며 인간이 느끼는 모든 변화는 기본입자들의 위치가 바뀌기 때문에 일어나는 것일 뿐이고, 입자 자체에는 변화가 없다. 수학적으로 표현하면 물질의 조합의 구성 요소는 항상 그대로이고 다만 순열만 바뀔 뿐이다. 그러므로 우주는 부분적으로 변하지만 총체적으로는 아무런 변화가 없다. 엄밀하게 말하면 우주의 모든 변화는 우주 자체가 변해서 생기는 것이 아니라 우주 입자의 위치 변화에 대한 인간의 인식 상태가 변하는 것에 불과하다. 결론적으로 우주는 변하지 않으며 우주에 대한 인간의 인식이 변할 뿐이다. 모든 것이 변하지만 그 변화는 인간의 마음(인식)이 만들어 내는 것이며 우주가 실제로 변하는 것은 아니다. 그러므로 물질 자체가 변해서 에너지로 바뀌는 변화는 있을 수 없다. 왜냐하면 우주의 모든 변화는 기본입자의 위치가 변하는 것이며 기본입자 자체가 변하는 것은 변화가 아니라 창조나 종말이기 때문이다.

물질이 에너지로 바뀌려면 저절로 되는 것이 아니다. 그것을 실현하기 위한 에너지와 메커니즘이 별도로 있어야 가능하다. 우주에는 저절로 일어나는 변화는 존재하지 않는다. A라는 물질이 B라는 에너지로 바뀌고 다시 B라는 에너지가 A라는 물질로 바뀌려면 매 단계마다 변환을 위한 별도의 에너지가 외부에서 투입되거나 아니면 자신의 에너지 중에서 일부를 소모해야만 한다. 만약에 외부에서 에너지를 투입했는데도 결국에는 원위치로 돌아왔다면 에너지보존의 법칙이 무너지고, 자체 에너지로 변환한다면 변환과정을 반복하면 소모한 에너지만큼 질량이 점점 줄어들게 되므로 역시 모순이 발생한다. 과학자들이 주장하는 것처럼 질량이 에너지로 바뀐다는 것은 공상과학의 부류에 속한다. 상대적 관측으로 측정한 값들은 모두 착각이며 따라서 상대성이론은 착각을 진리로 변환시키려는 무모한 시도에 불과하다.

과학자들은 핵분열을 할 때에 질량이 에너지로 변하고, 역으로 핵융합을 할 때도 질량이 줄어들면서 에너지를 만들어 낸다고 하는데 이 과정을 반복하면 질량은 점점 사라지게 되고 결국에는 천지 천지창조 이전의 무(無) 상태로 돌아가서 조물주의 천지창조가 다시 일어나야 한다. 그러나 핵분열이나 핵융합을 할 때에 사라진 질량은 실제로 사라진 것이 아니라 인식 불가능한 물질로 변한 것이며, 사라진 질량은 언젠가 다시 가시적인 물질로 바뀌므로 물질의 총량은 변함이 없다.

　서로 다른 차원의 물리량들이 결합해서 새로운 차원의 물리량을 만들 수는 있지만 어떤 차원의 물리량에 에너지나 힘을 가해서 다른 차원의 물리량으로 바꿀 수는 없다. 질량과 에너지는 차원이 다른 물리량이므로 상호 교환이 불가능할 뿐만 아니라 에너지는 실재가 아니라 현상이고, 따라서 실재인 물질이 현상에 불과한 에너지로 바뀔 수가 없는 것이다. 핵분열이나 핵융합에서 일어나는 고열(에너지)은 물질이 에너지로 변해서 된 것이 아니라, 인식이 불가능해서 사라진 것으로 오해되는 소립자들이 원자핵으로부터 떨어져 나오면서 그 반작용으로 원자핵의 회전운동량이 증가해서 발생하는 현상이다. 공기의 운동이 소리(현상)를 만들지만 공기가 결코 소리로 변하지는 않듯이 물질의 운동이 열(현상)을 만들지만 물질이 열로 바뀌지는 않는다.

물질의 진동을 빛이라 하고, 물질의 충돌을 힘이라 하고, 물질의 운동능력을 에너지라고 하는 것이며, 이들은 모두 별개의 개체가 아니라 물질의 여러 가지 현상을 표현하는 단어에 불과하다. 그러므로 실제로 존재하지도 않은 에너지가 보존된다는 에너지보존의 법칙은 잘못된 표현이며 정확하게 말하면 총량보존의 법칙(질량보존의 법칙이나 운동량보존의 법칙)이 올바른 표현이다.

소리, 에너지(열), 시간, 의식 등과 같은 우주의 모든 현상은 실재가 아니라 물체의 위치와 운동량의 변화로 발생하는 것이며, 운동량의 변화는 이웃하는 물질간의 충돌에 의해서 일어난다. 만유인력처럼 먼 곳에 있는 물체끼리 작용하거나 질량이 없는 에너지양자가 작동해서 물체의 운동량을 변화시키는 방법은 없다.

▼ 물질은 원래 무게가 없었다

과학자들이 우주를 관찰하고 탐구하면서 음과 양 또는 물질과 반물질처럼 대립적인 관계로 모든 현상이나 사물을 바라보기 때문에 오류가 생긴다. 대립 개념은 역으로 유사 개념을 벗어나지 못한다. 남자와 여자는 인간이라는 범주에서는 대립적이지만 식물을 포함해서 모든 생명체로 범주를 확대하면 남자와 여자는 매우 유사한 관계가 성립된다. 우주와 물질의 작동 법칙에서 음전자와 양전자처럼 서로 대립되는 것이 상호 작용하는 것은 대립적이기 때문이 아니라 같거나 매우 유사하기 때문이다.

형제나 남매가 서로 싸우면 부모가 흔히 '둘 다 똑같아!'라고 하면서 양쪽을 나무란다. 싸운 사람들은 서로 다르기 때문에 싸웠는데 제3자(부모)의 입장에서 보면 두 사람이 똑같기 때문에 싸운다는 것이다. 물질이 가지고 있는 성질도 생명체가 가지고 있는 성질과 다르지 않다. 왜냐하면 물질이나 생명체를 분해하면 모두 같은 소재로 만들어져 있기 때문이다. 형제는 집안에서는 서로 간에 경쟁하지만 외부 세력과 대항하기 위해서 단합한다. 같은 종류끼리 교차적으로 발생하는 경쟁과 단합은 동전의 양면과 같은데 이는 물질이나 생명이 똑같이 가지고 있는 기본적인 성질이다.

지구에서는 위와 아래라는 개념이 존재하지만 우주의 공간에서는 위아래가 없다. 위와 아래라는 개념은 중력이 작용하는 곳에서만 성립되는 개념이기 때문이다. 무중력 지대에서는 모든 물질의 무게는 사라진다. 원래 모든 물질이 질량만 있고 무게는 없었기 때문이다. 무게는 외부의 다른 물질 즉 소립자들과 충돌하면서 나타나는 현상이다. 지구 같은 큰 물체도 무중력 공간에서 무게를 달면 무게가 없다. 우주 중간의 무중력 상태에서는 우주 소립자들이 브라운운동만 할 뿐이며, 한 쪽으로 흐르지 않고 균형을 이루고 있기 때문에 중력(무게)이 나타나지 않는다. 물질 내부의 결합력(본질적인 힘)을 제외하고 물체에 나타나는 모든 외적인 힘(현상적인 힘)은 물질간의 직접적인 충돌에 의해서 일어난다. 멀리 떨어져 있는 우주의 모든 별들 사이에 만유인력이 동시에 작용한다면 별들은 평온하게 떠 있거나 일정한 궤도로 공전할 수도 없다.

만유인력의 이론으로는 물질에 무게가 없어지면 물질이 사라져서 에너지로 변한 것으로 오해할 수 있다. 그런데 필자가 주장하는 유체중력장 이론에서는 중력이 존재하는 곳에서도 물질의 무게가 없어질 수 있다. 만유인력 이론에서는 모든 물질이 무게를 가진다. 그러나 유체중력장에서는 소립자들이 한 쪽 방향으로 충돌하기 때문에 무게가 발생하지만 만약에 소립자가 양방향이나 사방에서 골고루 충돌하면 무게가 사라진다. 그런데 물체에서 분리된 자유 소립자들은 브라운 운동을 하면서 좌충우돌하기 때문에 무게가 발생하지 않는다. 그러므로 전기를 띤 소립자들은 전기력에 의해서 쉽게 존재가 인식되지만 중성 소립자는 무게도 없고 전파나 자기에도 반응하지 않으며 빛도 통과시켜서 마치 암흑 물질처럼 탐지가 어렵다.('살아 있는 별은 영양분을 섭취한다'라는 글을 참조 바람) 그러나 중성소립자는 운동량(에너지)을 가지고 있으므로 과학자들은 마치 질량은 없고 에너지만 존재하는 에너지양자로 오해하는 것이다. 전자와 양전자가 결합하면 중성 소립자로 변해서 계측이 잘 안 되는 것이며, 과학자들이 주장하는 것처럼 물질과 반물질이 결합해서 에너지양자로 변하는 것이 아니라는 것을 명확히 밝혀주는 현상이 있다. 양전자를 포함하고 있는 양성자가 전자와 결합하면 중성자(중성 소립자들의 결합체)로 변하면서 질량이 증가하는 것은 전자와 양전자가 결합해서 질량이 없는 에너지양자로 변하는 것이 아니라 질량이 있는 중성소립자로 변한다는 것을 분명하게 증명하는 것이다. 그러므로 전자와 양전자는 과학자들이 설명하는 것처럼 함께 쌍소멸 혹은 쌍생성하는 것이 아니라 우주 순환의 법칙에 의해서 단순히 중성 소립자로 결합하고 다시 음양 전자로 분산을 반복하는 것이다.('에너지는 실재가 아니라 현상이다'라는 글을 참조 바람).

과학자들이 생각하는 에너지양자는 인식이 불가능한 소립자들의 운동에너지에 불과하며 에너지가 불연속적인 이유는 소립자가 일정한 속도로 브라운운동을 하기 때문이다. 이론적으로는 속도가 연속적이지만 현실적으로는 소립자의 속도는 브라운운동의 속도 이하는 존재하지 않기 때문에 운동에너지가 불연속이 되는 것이다. 수학에서 숫자는 연속적이지만 물리학에서는 입자들의 크기는 불연속적이며 따라서 그 불연속인 입자들이 불연속적인 운동 속도를 가지므로 운동에너지도 불연속적일 수밖에 없는 것이다. 그리고 자력선(양전자의 운동궤도)들 끼리 일정한 거리를 유지하듯이 원자 내부의 전자들도 일정한 거리를 유지하게 되므로 전자궤도와 궤도에너지가 불연속적으로 구성되는 것일 뿐이며, 전자의 운동에너지 자체가 불연속적인 것은 아니다. 수학에서 최솟값은 제로에 가깝지만 물리학에서의 최소 입자는 수학의 최솟값에 비하면 무한대로 크니까 수학과 물리학의 갭은 매우 크다. 그런데 과학자들은 그 갭을 무시하고 모든 물리현상을 수학으로 계산하고 또 수학으로 증명하려고 함으로써 오류를 자초한다. 에너지는 실제로 존재하지 않으며 물체가 가지고 있는 운동량의 변화를 에너지의 증감이라고 오해하는 것이다.

열역학 제2법칙은
항상 성립되는 것이 아니다

모든 물질을 미시적으로 바라보면 그들은 잠시도 쉬지 않고 항상 움직이며 이웃과 충돌한다. 이것이 결국 우주를 끊임없이 변하게 하는 원동력이다. 운동량보전의 법칙에 따라서 어떤 물체가 느려지면 대신에 다른 물체가 빠르게 운동을 하게 되므로 우주 전체의 운동량은 변하지 않지만 개별입자의 운동량은 언제나 변하면서 우주를 끊임없이 변하게 한다. 그런데 우주가 끊임없이 변하면서도 지금처럼 존재하려면 두 가지 조건을 갖추어야 된다. 그 중의 하나는 물질이 스스로 원상을 복구하는 능력(성질)이 있어야 하고, 또 하나는 그 물질들이 우주 밖으로 나가지 못하도록 방지하는 장치가 있어야 한다. 하나의 독립된 세계를 형성하려면 별이나 모든 사물이 그러하듯이 그 경계를 구분 짓는 껍질이 있어야 한다. 우주도 외각은 유동을 하지 않거나 매우 미세하게 움직이는 차가운 물질(아마 절대 온도 0인 물질)로 껍질을 이루고 있을 것으로 추정된다. 그래야만 자유롭게 떠도는 물질들이 우주 밖으로 유출되지 않을 것이기 때문이다.

우주의 껍질이 존재할 수 있다는 것을 유추해볼 수 있는 현상이 우리 주변에도 있다. 그것이 액체에서 표면(외부와의 경계를 유지하는 껍질)을 유지하게 만드는 힘 소위 표면장력 현상이다.

액체 내부에 있는 입자들은 모든 방향에서 똑 같은 힘을 받기 때문에 서로 상쇄돼서 결국 아무런 힘이 작용하지 않는 것과 같게 되고 그래서 입자들이 자유롭게 이동(브라운운동)을 한다. 그런데 표면의 입자들은 자신에게 힘을 작용하는 외부의 입자들이 없기 때문에 주변에서 작용하는 모든 힘을 합력하면 결국 내부로 작용하는 힘(표면 장력)만 남게 되므로 표면을 벗어나지 못한다. 그러다가 온도가 점점 올라가서 입자의 운동력이 표면장력보다 더 커지면 경계는 파괴되고 입자의 운동이 완전히 자유로운 기체로 변한다. 그러므로 열역학 제2법칙(무질서도의 증가)은 액체의 경계 내부에서만 성립되며 온도(입자의 운동능력)가 올라가지 않으면 무질서도가 경계 밖으로 확산되지 않는다. 그리고 온도가 내려가면 무질서도가 확대됐던 기체가 반대로 무질서도가 감소하면서 다시 액체나 고체로 변한다. 열역학 제2법칙은 온도(운동에너지)의 변화에 따라서 성립되기도 하고 오히려 반대로 나타나기도 한다. 그리고 그렇게 작동해야 우주는 한 쪽으로만 변하지 않고 왕복하면서 순환하는 변화를 일으킬 수 있는 것이다.

열역학 제2법칙이 항상 성립된다면 우주의 모든 물질은 궁극적으로 모두 같은 온도와 같은 엔트로피를 유지하면서 평형상태로 변해야 하고, 그렇게 되면 우주는 사실상 정체상태가 돼야 하는데 다행히도 열역학 제2법칙은 항상 성립되는 것이 아니기 때문에 그런 일은 발생하지 않는다. 그리고 탄소 원자와 산소 분자가 결합하면 이산화탄소가 되면서 고열이 발생한다. 탄소와 산소의 질량은 변하지 않으면서 두 물질의 온도(열에너지)가 함께 올라갔다면 열역학 제1법칙이나 2법칙 중에서 하나를 어긴 것이다. 만약에 이산화탄소가 자신보다 온도가 낮은 주변으로부터 열을 흡수해서 온도가 올라갔다면 2법칙을 어긴 것이고 자체적으로 열이 발생했다면 1법칙을 어긴 것이다. 열역학을 바르게 이해하기 위해서는 열(에너지)의 보존(1법칙)과 흐름(2법칙)보다 먼저 열의 생성을 알아야 한다. 만약에 열이 계속해서 새로 생성(창조)된다면 열의 보존이 무의미해지기 때문이다.

하늘의 별도 일반 생명체와 똑같이 생로병사의 과정을 거친다. 별을 포함해서 모든 생명체의 공통적인 특성은 자신들의 생존을 위해서 내부에서 신진대사를 한다는 것인데 신진대사를 하는 과정에서 열이 발생한다. 그래서 태양은 물론 사람도 끊임없이 주변으로 열을 발산한다. 열을 발산하는 물체는 자신보다 온도가 낮은 외부로부터 열을 흡수할 수 없으므로 자신이 스스로 열을 생성(창조)해서 발산해야 한다. 그런데 열이 정말로 생성된다면 열역학 제1법칙에 의해서 열은 소멸되지 않으므로 우주에는 열로 가득하게 되는 모순이 발생한다. 사실은 열이 생성되는 것이 아니라 물체의 온도가 올라갔다가 내려가기를 반복하는 것에 불과하다. 상대성이론에 의하면 외부의 도움 없이 자체적으로 열(에너지)이 생성되려면 그만큼 질량이 감소해야 한다. 태양이나 지구 내부에서는 핵융합으로 열이 생성되면서 질량이 감소(이탈)할 수 있는데 일반 생명체에서는 열이 생성되면서 어떻게 질량이 감소할까?

포도당을 비롯해서 모든 연료가 산화할 때는 열이 발생한다. 핵융합이나 연료의 산화는 방법의 차이가 있을 뿐이며 똑같이 열을 생산하는 화학 작용이라고 할 수 있다. 핵분열이나 핵융합이 일어날 때에 약간의 소립자들이 핵으로부터 이탈하면서 그 반작용으로 원자핵의 회전운동이 커지므로 온도가 올라가는 것이며, 현대물리학에서 주장하는 것처럼 물질이 소멸해서 열(에너지)로 바뀌는 것은 아니다. 그러므로 일반 연료의 산화작용에서도 열이 발생하려면 핵융합에서처럼 미량의 질량손실(이탈)이 일어날 것으로 추정된다. 그래야만 진정한 총량보존의 법칙(에너지보존의 법칙)이 성립되기 때문이다. 그리고 상식적으로 생각하더라도 두 개의 다른 물질이 결합하거나 분리되려면 연결 부위의 구조가 약간 변경돼야 가능하지 않겠는가? 물리적인 충돌로 열이 발생하는 것이나 화학적인 변화에서 열이 발생하는 이치는 모두 똑같이 분자의 회전운동량이 증가하기 때문에 일어난다. 그런데 물리적인 충돌에서는 분자의 병진운동량(운동에너지)이 회전운동량(열에너지)으로 변환돼서 열이 발생하지만 화학적인 변화에서는 병진운동량의 변화가 없기 때문에 그 대신에 질량손실(이탈)이 없다면 자체적으로 열이 발생할 수가 없다. 질량손실(이탈)에 의해서 열이 발생하는 방법은 로켓이 자신이 가지고 있던 물질의 일부를 분사해서 자신의 운동에너지를 증가시키는 것처럼 작용과 반작용의 원리이다.

과학자들이 주장하는 열역학의 법칙은 화학적인 변화가 일어날 때도 깨지지만 물질의 온도나 밀도가 변해도 깨진다. 열역학 제2법칙(분산의 법칙)에서 무질서도가 높아진다는 것은 어떤 에너지(운동능력)나 물질이 한곳에 집중돼있지 않고 골고루 분산되려고 하는 현상으로서, 에너지나 압력이 높은 곳에서 낮은 곳으로 이동해서 평준화하려는 움직임이다. 그런데 이런 현상은 일시적이다.

물을 끓이면 물이 수증기로 변해서 제2법칙에 따라 골고루 분산되지만 수증기의 온도가 내려가거나 밀도가 증가해서 운동능력이 감소하면 다시 물방울로 결합하고 이때는 2법칙과 반대로 무질서도가 감소한다. 무질서의 감소 현상은 생명이나 별이 탄생할 때는 물론 기체가 액체로 그리고 액체가 고체로 변할 때에도 나타난다.

사망한 별에는 중력이 없다

Cosmology Study in Science

 최근에 유럽 우주국에서 운영하는 67P 혜성 탐사위성에서 분리된 탐사로봇이 혜성에 착지하려다가 실패했다. 별은 생명체라서 영양섭취를 하는데 탐사로봇이 착륙을 시도한 혜성은 이미 사망한 별의 조각이기 때문에 영양섭취를 하지 않았다. 따라서 혜성에는 중력이 없어서 조그만 충격에도 탐사로봇이 튕겨져 나오기 때문에 착지가 불가능했던 것이다.

 일반적인 소행성은 성장하고 있는 별일 가능성이 있으므로 크기에 따라서 중력이 약간 존재할 수도 있다. 쉽게 설명하면 사진에 나타난 별의 표면이 자연스러우면 성장하는 별이므로 중력이 존재할 가능성이 있고, 표면이 깨어진 돌처럼 날카롭고 거칠게 생겼으면 사망한 별에서 떨어져 나온 조각이기 때문에 중력이 존재할 가능성이 적다. 그런데 매스컴에 나오는 사진을 보면 67P 혜성은 표면이 거친 것으로 봐서 무중력의 별이다.
 67P 혜성에 낙하하는 탐사로봇이 가속도 없이 초속 1미터의

등속도를 유지했다는 것은 혜성에는 자체 중력이 없었다는 증거이다. 혜성에 자체적인 중력이 있었다면 하강하는 로봇에 가속도가 일어나야 했다. 위성에서 보내온 사진을 보면 로봇이 착륙하려다가 중력이 아닌 자전 충격으로 매우 먼 거리를 옆으로 계속 튕겨져 나간 것을 확인할 수 있다. 지구에서는 낙하하는 물체는 중력이 작용하기 때문에 옆으로는 물론 위로도 잘 튕겨지지 않는다.

과학자들은 탐사로봇이 자체 충전을 시도해 다시 움직일 것이라고 기대했지만 그렇게 되지 않았다. 로봇은 혜성과 분리되어 공중에 떠있는 상태로 태양의 중력와류에 갇혀있었기 때문에 지구와의 통신도 불가능했을 것으로 추정된다. 물체가 중력와류에 갇히는 것은 흐르는 강물의 중간에 큰 바위가 있으면 그 뒤에 와류가 생기면서 부유물들이 떠내려가지 않고 맴도는 것과 유사한 현상이다. 로봇이 혜성과 함께 자전하고 있다면 하루에 2번씩의 교신이 가능한데 교신이 이루어지지 않았다는 것은 로봇이 혜성과 분리되어 함께 자전하고 있지 않는 것이며 그것은 성공적인 착지가 안됐다는 증거이다.

과학자들은 태양의 복사압이 혜성의 꼬리를 만든다고 주장하는데 터무니없는 소리이다. 그보다는 혜성에는 자체적인 중력이 없으므로 혜성에서 분리된 물질들이 함께 자전하지 못하고, 분출된 부유물들이 아무렇게나 떠다니므로 혜성에 꼬리가 생긴다는 것이 필자의 중력이론이다. 지구도 많은 화산과 거대한 공장에서 엄청난 분출물들을 생산하지만 태양의 복사압에 의해서 꼬리가 만들어지지는 않는다. 태양의 복사압이 지구와 혜성에 똑같이 작용하는데 발생하는 현상이 서로 다른 것은 바로 중력 때문이다.

과학자들이 태양의 복사압을 측정할 때는 복사압을 받는 물체를 고정시켜놓고(중력의 영향을 배제 시키고) 측정하기 때문에 복사압이 나타나지만 물체를 고정시키지 않고 중력과 동시에 작용시키면 복사압의 영향은 나타나지 않는다. 그리고 복사압은 일반 물체에서는 그 크기나 영향이 나타나지만 분자 이하의 물질을 만나면 동류가 아닌 경우에는 '동류 경쟁의 법칙'에 의해서 서로 피해가므로 아무런 영향을 미치지 못한다. 결론적으로 말하면 복사압도 파동 매질의 운동에 의해서 나타나는 관성력의 일종이기 때문에 파동의 전진(관성)을 방해하면 외부로 나타나지만 그렇지 않으면 나타나지 않는다는 것이다. 과학자들은 혜성 본체에는 태양의 중력이 작용하는데 꼬리를 이루는 물질에는 중력은 배제하고 태양의 복사압만 별도로 작용하는 것처럼 설명한다. 참고로 말하면 태양의 빛이나 태양풍이 태양의 중력을 이기고 지구로 올 수는 있지만 오는 도중에 만난 다른 물질에 외력으로 작용해서 그들을 함께 데려오거나 이동시키지는 못한다. 왜냐하면 기체나 그 이하의 물질들은 태양의 복사를 방해하지 않으므로 그들에게는 복사압이 작용하지 않기 때문이다.

혜성에 자체적인 중력이 있다면 다른 행성들처럼 대기와 수분은 물론 화산의 분출물들도 모두 끌어당겨 함께 공전 및 자전하게 되므로 꼬리가 생길 수가 없다. 그리고 만약 혜성에 자체적인 중력이 없다 하더라도 태양의 중력과 복사압이 혜성의 본체와 부유물에 똑같이 작용한다면 본체와 부유물들은 같은 속도로 운동해야하기 때문에 부유물들이 혜성의 주위에 골고루 흩어질 수는 있지만 한쪽으로 집중해서 꼬리가 생길 수는 없다.

유럽 우주국에서는 처음에는 혜성에는 자기장이 거의 없다고 발표하더니 다시 자기장의 방향이 일정하지 않다는 것을 근거로 67P 혜성은 두 개의 작은 혜성이 충돌해서 만들어 졌다고 발표했다. 과학자들이 자기장의 크기와 방향을 정확하게 측정했는지 의심이 가지만 그것이 사실이라고 하더라도 그들의 주장에는 타당성이 전혀 없다.

실험을 해보면 알겠지만 공중에 자유롭게 떠있는 딱딱한 두 개의 물체가 충돌해서 하나로 되는 것은 거의 불가능하다. 공중에서 딱딱한 두 개의 물체가 충돌해서 하나가 되었다는 것은 지표면에 있는 두 개의 유리구슬이 충돌해서 하나가 됐다는 것만큼이나 불가능하다.

혜성에 자체적인 중력이 없다 하더라도 자철광에 의해서 산발적인 자기장이 발생할 수는 있다. 그러나 일관된 방향으로 자기장이 형성되려면 혜성의 내부에 전자의 와류(코일 형태의 직류)가 있어야하고 전자의 와류를 만들기 위해서는 중력의 와류가 필요하므로 중력이 없으면 일관된 자기장이 존재하기 어렵다. 그러므로 단순히 자력선의 방향 하나만 보고 두 개의 혜성이 충돌해서 하나가 됐다는 과학자들의 주장은 비과학적이다. 살아있는 별들은 상대를 잡아당기는 중력이 있으므로 충돌하면 합체될 가능성이 있다. 그러나 혜성처럼 이미 사망한 별은 중력이 없기 때문에 다른 사망한 별이 충돌해도 합체되지 않는다.

생명체가 사망하면 분해돼서 자연으로 돌아가듯이 별도 사망하면 분해(폭발)돼서 우주 공간으로 돌아간다. 그 과정에서 분해가 덜 된 조각들이 운석이나 별똥별이 되어 우주를 떠도는 것이며 떠돌다가 다른 별을 만나면 열을 받아서 분해되거나 흡수되는 것이다.

혜성을 비롯해서 죽은 별에서 분해된 물질들은 소위 암흑물질과 암흑에너지로 변해서 우주 공간에 존재하다가 환경이 변하면 블랙홀(별의 자궁)이 형성되면서 별로 다시 태어나는 것이다. 그리고 혜성은 자체 중력이 없기 때문에 자체 중력을 가지고 있는 행성의 운동 궤도와 매우 다른 궤도로 운동하는 것이다.

전파는 전자기파가 아니다

전기 공식을 비롯해서 전기현상을 설명하는 기존의 이론에 오류가 많지만 모두 이야기할 수는 없고, 중요한 것만 몇 가지 간단하게 이야기해보면 다음과 같다.

전기나 전파 현상을 신비하게 생각하지 말고 전자라는 물질의 운동현상이라고 생각하면 고전물리학의 운동역학으로 모든 현상을 명쾌하게 설명할 수 있다. 전기는 수돗물과 거의 똑같은 원리로 흐르지만 전기는 전기선 속에서 흐르고 수돗물은 수도관 속에서 흐르는 차이만 있다. 그리고 송전 시스템은 에너지(동력)을 전달하는 시스템이므로 일반 기계의 동력전달장치의 원리와 똑같은 방식으로 작동한다.

자연의 기본 법칙은 작용과 반작용이다. 그것을 다르게 표현하면 자연에는 공짜는 없으며 항상 주는 것이 있으면 받는 것도 있다는 뜻이다. 그런데 과학자들은 열이 항상 높은 곳에서 낮은 곳으로 흐른다고 설명한다. 틀린 말은 아니지만 올바른 설명도 아니다. 왜냐하면 모든 물체는 상대에게 열기를 주면서 자신은 항상 냉기를 받아 온다는 것을 함께 설명해야 한다. 물체가 충돌할 때에 상대를 가속시키면 자신은 감속되고 변압기가 전압을 2차 측으로 전달할 때에 반대로 2차 측으로부터 저항을 받아온다. 전압은 전자를 운동하게 하는 힘이고 저항은 전자의 운동을 방해하는 힘이므로 서로 작용과 반작용에 해당되고 따라서 크기가 같고 방향이 반대인 힘이다. 그렇다면 전압과 저항은 그 단위도 같아야 되는데 전기 공식은 그러지 못하므로 잘못된 것이다.

발전소의 전기회로에는 부하저항이 없고 미미한 도선저항만 있어서 합선상태인데 무한 전류가 흐르지 않는다. 그 이유는 공장이나 가정의 부하저항이 변압기라는 장치를 통해서 발전소의 회로에 전달돼서 저항으로 작용하기 때문이다. 자동차는 엔진의 힘을 바퀴에 전달하고 그 대신에 바퀴의 저항이 엔진에 작용한다. 만약에 기어를 중립으로 놓고 엔진의 힘과 바퀴의 저항의 전달을 차단하면 엔진은 과열되어 녹아버린다. 과학자들은 변압기가 2차 측에 전압을 전달하는 것만 생각하고 2차 측으로부터 반대급부로 받아오는 저항을 계산하지 않고 있다. 그런데 관점을 바꿔서 보면 변압기는 전압을 전달하고 저항을 받아오는 단순한 전달자가 아니라 1차 측의 전기를 소모하면서 그 에너지로 2차 측에 다시 전기를 생산하는 발전기인데 문제는 다시 발전하면서 에너지를 100% 복원하지 못하고 상당한 손실을 일으킨다는 것이다. 일반 발전기는 수력이나 화력으로 전기를 생산하는 장치인데 변압기는 이미 만들어진 전기로 다시 전기를 생산하면서 에너지를 10~20% 낭비하는 엉터리 발전기다. 발전기는 전기를 만드는 기계인데 변압기는 왜 이미 만들어진 전기를 낭비하면서 다시 전기를 만드는가?

현재의 전기이론은 저항을 병렬로 연결하면 전압은 그대로 유지된다고 설명한다. 이런 현상들이 실험실에서 소규모 저항을 사용할 때는 아무런 문제가 없이 이론대로 나타난다. 그런데 국가 전체에서 대규모의 전력을 사용할 때는 그런 이론들이 깨진다. 왜 똑같은 이론들이 소규모에서는 통하고 대 규모에서는 안 통할까? 사실은 소규모에서도 이론들이 안 통하는데 변화량이 너무 적어서 그 오차가 이론과 실제의 미세한 차이라고 착각하기 때문이다. 저항이 추가되면 연결된 모든 회로에서 소비 전력에 변화가 생기므로 전압도 변하게 된다. 쉽게 설명하면, 새로운 식구가 늘어나면 기존의 식구들이 자신들의 몫에서 조금씩 떼어내서 새 식구에게 보태주기 때문에 자신이 소모할 수 있는 전력양이 조금씩 줄어들고 전압도 낮아진다. 그런데 추가된 저항이 발전소와 연결된 전체의 저항에 비해서 너무 작으므로 그 조정된 전압의 크기가 작아서 변화를 알지 못하지만 대규모 저항을 연결하면 전압이 현저히 떨어진다. 여름철 전력 성수기가 돼서 전국적으로 저항(소비 전력)이 증가하면 전압이 저절로 하강하는 것을 쉽게 알 수 있다.

과학자들이 고압송전을 하면 에너지의 손실이 줄어들어서 송전 효율이 높아진다고 주장하는데 그 이론은 엉터리다. 전자기유도에 의해서 변압기가 작동하면 2차 측의 코일을 1차 측의 n배로 감았을 때에 1, 2차 측의 전압과 전류의 비율이 1 : n과 n : 1로 유지될 뿐이며 전압과 전류의 크기는 모두 재조정돼서 변하는데 과학자들은 조정과정은 모르고 결과만 측정해서 1차 측의 전압과 전류가 2차 측에서 n배와 1/n배로 바뀌는 것으로 착각한다. 변압기가 설치되면 공급되는 전압과 전류가 새로 조정되며 기존의 물리학 이론처럼 바뀌지 않는다. 2차 측의 저항이 그대로인데 변압기에 의해서 전압이 n배로 높아지면 당연히 전류도 n배로 커져야 마땅한데 어떻게 반대로 전류가 1/n배로 작아지겠는가? 어떤 형태로 전압이 변화돼도 에너지보존의 법칙에 따라서 소비자에게는 똑같은 전력이 공급되며 공급 전력과 소비 저항이 일정하면 소비자 회로의 전압과 전류는 항상 같은 결과를 만든다.

변압기에 의해서 변하는 전압과 그에 따르는 에너지 손실에 대한 방정식을 세워서 송전효율이 전압의 변화와 상관없이 일정하다는 항등식을 유도할 수도 있다. 그러나 그것은 과정이 복잡하고 일반인은 알 필요도 없으므로 전기공학자나 한국전력의 전문가가 문의해오면 별도로 알려 주겠다. 많은 전력을 낭비하면서 변압기로 인위적인 변압을 하지 않아도 공급전력이나 소비저항이 변하면 자동으로 필요한 만큼의 전압조정이 일어난다. 전력 소비가 많아지면 전압이 스스로 내려가고 그리고 공급 전력이 작아져도 전압이 스스로 내려간다. 전압은 수요와 공급에 의해서 물건의 가격이 결정되는 경제 원리와 똑 같은 방식으로 그 크기가 결정된다. 그러므로 이러한 원리들을 잘 활용하면 저압으로 송전해도 고압 송전보다 에너지를 더 효율적으로 송전할 수 있다.

고압으로 송전하면 다른 지역으로 가는 전력을 뺏어 오거나 전력 생산량이 늘어나서 더 많이 송출되는 것일 뿐인데 과학자들은 고압으로 송전하니까 송전 에너지의 효율이 높아져서 더 많은 전력이 송출되는 것으로 착각한다. 변압기로 전압을 올려서 송전하면 송출되는 전력이 커지는 원리를 수학적으로 설명하려면 매우 복잡하므로 감각적으로 쉽게 이해할 수 있도록 지렛대의 원리로 설명해보겠다. 어떤 여러 개의 물체에 힘을 가하기 위해서 힘을 공급하는 1차 측의 지렛대는 하나로 고정하고 힘을 받는 2차 측은 팔의 길이가 각각 다른 여러 개의 지렛대를 함께 사용하면서 지렛대를 작동하면 1차 측은 똑같이 움직여도 2차 측의 지렛대가 길수록 일을 많이 하게 된다. 여기서 지렛대는 변압기에 해당되고 지렛대의 길이는 변압기에 감은 코일의 길이와 같다고 생각하면 코일이 긴 쪽 다시 말해서 코일을 많이 감은 쪽으로 전기가 더 많이 흘러간다는 것을 감각적으로 쉽게 이해가 될 것이다.

그리고 가정용 가전제품의 전압표시를 보면 AC 220 볼트라고 적혀있지만 일반 가정에 공급되는 전기는 교류가 아니라 교류의 특성(전자기유도로 변압이 가능함)을 함께 가지고 있는 직류(맥동 직류)다. 왜냐하면 단상전류에서는 변압(전자기유도)과정에서 스스로 정류작용이 일어나기 때문이다. 고압선의 교류는 방향이 바뀌어도 전위는 항상 플러스이며 접지선의 전위는 제로이므로 단상 전류는 항상 전위가 제로인 방향으로만 흐를 수밖에 없다. 이해하기 쉽게 설명하면, 집 앞을 지나가는 수도관의 수돗물이 흐르는 방향과 상관없이(교류로 흐를지라도) 수압이 걸려있으므로 집으로 들어오는 수돗물은 항상 같은 방향(직류)으로 흐르는 이치와 같다. 현재 가정에 들어오는 전류는 모두 맥동 직류이므로 발전소에서 교류를 생산하지 말고 직류를 생산해서 변압을 하지 않고 그대로 송전하면 저항이 현저히 줄어들어서 에너지를 더욱 절약할 수 있다. 그리고 맥동 직류는 변압도 가능하므로 교류가 필요하거나 특별한 전압이 필요한 곳은 거기에 맞도록 변환해서 공급하면 된다. 전자기유도에 의한 변압은 자기장의 증감만 있으면 가능하므로 교류뿐만 아니라 맥동 직류도 변압이 가능하다.

과학자들은 자석이 같은 극은 밀고 다른 극은 당기는 것을 보고 음양 전기도 그와 같이 같은 전기는 밀고 다른 전기는 당기는 것으로 착각했다. 그러나 자력은 자석과 자력선의 충돌에서 나오는 충격력 즉 현상적인 힘이며 자석끼리 스스로 밀고 당기는 힘이 전혀 아니다. 자석의 같은 극이 다가가면 자력선이 서로 충돌해서 자력선들 간의 간극이 벌어지므로 자석들은 자력선의 간극이 좁은 쪽으로 밀려나게 되고, 반대로 다른 극이 다가가면 자력선이 하나로 통합돼서 자력선의 간극이 좁아지므로 자석이 그쪽으로 밀려가게 된다. 자석의 극이 같든지 아니든지 상관없이 자석은 자력선의 간극이 넓은 곳에서 좁은 곳으로 떠밀려간다. 왜 자석이 자력선의 간극이 좁은 쪽으로 밀려가는지 이해가 안 되는 사람은 파이프에 2개의 줄을 넣고 한 쪽은 기둥에 묶어 놓고 반대쪽을 붙들고 팽팽하게 잡아당긴 다음에 줄의 간격을 벌려보면 파이프가 기둥 쪽으로 밀려가는 것을 알 수 있다. 여기서 파이프는 자석이고 줄은 자력선의 역할을 하는 것이다. 과학자들은 자석들이 움직이는 이유와 과정은 모르고 나타나는 결과만 보고 자석이 상대를 밀고 당기는 것이라고 오해하고 음양 전기력도 같은 전기는 밀고 반대 전기는 당긴다고 착각한 것이다. 자석은 마치 만유인력처럼 서로 떨어진 자석들끼리 직접 어떤 힘을 작용하는 것이 아니고 단지 자력선에 떠밀려서 이동하는 것이다. 그러므로 자력과 중력은 양전자나 소립자와의 충돌에 의해서 발생하는 일종의 풍력(관성력)이다.

   전류가 직류로 흐르는 도선 주위에 동심원의 자력선(양전자의 운동선)이 발생한다. 그런데 전류가 교류로 바뀌면 자력선도 전류를 따라서 진동한다. 그것이 소위 과학자들이 주장하는 전자기파이다. 그러므로 전자기파는 맥스웰의 이론처럼 전기파와 자기파가 90도로 함께 운동하는 합성파가 아니라 순수한 자력선의 파동 즉 자기파에 불과하며, 그리고 자기파는 항상 전류를 따라서 함께 움직이므로 당연히 전류처럼 종파이며 물질파이고 맥스웰이 주장하는 것처럼 전기와 자기가 합성된 에너지양자의 횡파가 전혀 아니다. 그리고 과학자들은 전자기유도에서 1차와 2차 전류가 반대방향으로 흐른다고 설명하는데 그것은 미시적인 현상만 관찰해서 발생하는 착각이다. 전자기유도가 발생하는 부분만 보지 말고 전체 회로를 그려놓고 보면 모든 전류는 항상 같은 방향(시계방향이나 반 시계방향)으로 흐른다는 것을 쉽게 알 수 있고 그래야 에너지 보존의 법칙에 부합된다. 외부에서 별도의 에너지가 개입하지 않은 채로 어떻게 2차 측의 전류가 1차 측의 방향과 반대로 흐를 수 있겠는가?

　맥스웰의 전자기파이론처럼 90도로 교차하는 두 개의 평면에서 따로 운동하는 물체가 서로 다른 평면에 있는 물체를 그 평면에 유지한 채로 힘을 작용할 수 있는 물리적인 방법은 없다. 왜냐하면 힘을 작용하는 순간에 힘의 방향으로 가속도가 발생해서 자신들은 물론 상대의 운동평면이 무너지기 때문이다. 그리고 직류전기와 도선 주변에 발생하는 자기장(자력선)이 90도로 움직인다는 것도 착각이다. 전류가 도선 내부에서 그냥 직진하는 것이 아니라 스핀 작용에 의해서 나선형으로 움직이므로 전류와 자기장의 운동은 같은 평면에서 동심원을 그리면서 같은 방향으로 운동하는 것이다. 전기와 자기는 서로 상대를 끌거나 밀고 가는 운동이므로 각자 다른 방향으로 운동할 수 없다.

　그리고 교류 전류의 전자기유도에 의해서 발생된 자기파(과학자가 말하는 전자기파)가 공중으로 전달돼서 수신기에 도달하면 공명 진동을 일으켜서 다시 전기파(전자 진동 : 교류)를 복원하며 이 과정은 소위 변압기 내부에서 일어나는 전자기유도가 원거리를 통해서 일어나는 것과 똑같은 현상이다. 변압기에서는 단거리에서 전자기유도가 일어나므로 에너지 효율이 높지만 공중전파의 전자기유도는 원거리에서 일어나므로 대부분의 에너지는 손실되고, 오직 1차 전류의 형상을 시그널로 전달하므로 에너지 효율성의 차이가 있을 뿐이다. 이 원리를 잘 활용해서 단거리에서 에너지효율을 높인 것이 소위 무선 충전기다. 발전기, 변압기, 무선충전, 전파송신은 모두 같은 원리(전자기유도)로 작동하며 양상만 약간씩 다를 뿐이다. 모든 전기 현상은 하나의 원리로 작동하며 맥스웰의 전자기파 이론은 허구다.

필자의 주장을 확인하려면 자석 가까이에 전자파 탐지기를 놓고 자석을 초당 60회 정도로 진동시키면서 전자파 탐지기에 전자파가 탐지되는지 확인해보면 된다. 만약에 탐지되면 전자파는 전자기파가 아니라 순수한 자기파라는 것이 명확히 증명될 것이며, 이때에 자석을 여러 가지 방향으로 흔들면서 전자파의 세기가 달라지는 것을 측정하면 전자파가 종파인지 횡파인지도 검증이 될 만한 결과가 나올 것이다. 그리고 빛과 전파가 같은 종류의 파동이라면 전파수신기의 수신 주파수를 고도로 올리면 원적외선이 수신돼야 한다. 그러나 빛과 전파는 발신과 수신의 메커니즘이 서로 다르다는 것은 두 파동의 작동 원리도 다르다는 명백한 증거다. 빛은 열(분자의 회전 운동)에 의해서 발생하고 전파는 전류(전자의 이동)에 의해서 발생하는데 어떻게 같은 종류의 파동일 수 있겠는가?

그리고 일반 독자들에게 자세히 설명하기는 곤란하지만 초전도체에서 영구전류가 흐르는 원리를 이해하면 초전도체가 아닌 일반 도체에서도 영구히 전류가 흐르는 발전기를 만들 수 있다. 발전소에서는 수력과 풍력이라는 물질의 흐름에서 나오는 동력을 이용해서 전기를 생산한다. 중력과 자력도 수력과 풍력처럼 물질의 흐름이기 때문에 작용기전을 잘 이해하면 동력을 얻을 수 있다. 물리학적인 관점에서는 공짜란 없다. 뭔가를 받으면 반대로 뭔가를 주어야 한다. 그러나 경제학적인 관점에서 보면 공짜가 많이 있다. 그래서 공짜로 얻을 수 있는 바람, 물, 햇빛을 이용해서 전기를 생산한다. 그런데 수력, 풍력, 햇빛은 시간과 장소에 따라서 크기가 변해서 불편함이 많지만 중력과 자력은 시간과 장소에 상관없이 항상 일정하다는 커다란 장점이 있으므로 잘 연구해서 활용해야 한다. 참고로 말하면 일반 자석, 전자석, 지구자기, 초전도체는 양태만 조금씩 다를 뿐이며 모두 똑같은 원리로 작동한다. 그리고 쿨롱의 전기력 공식도 실험 결과에 의해서 만들어진 것이 아니라 음양 전기가 서로 잡아당긴다고 가정하고 만유인력의 공식을 흉내 내서 만든 것이므로 엉터리이고, 그로 인해서 만들어진 이론이나 측정 결과도 모두 가짜다.

▼ 모든 파동은 물질파며 종파이다

물체가 가열되면 분자의 진동(회전운동)이 커지면서 빛을 발사한다. 그렇다면 역으로 빛이 물체에 충돌하면 물체의 분자진동이 커질 수 있다. 그래서 얼음에 빛을 쏘이면 얼음의 분자 진동이 커지면서 얼음이 녹는 것이다. 얼음이 녹는다는 것은 빛이 얼음 분자의 회전운동량을 증가시킬 수 있는 운동량을 가지고 있다는 것이며, 이것은 빛의 운동에 물질이 개입되어 있다는 증거이다. 모든 파동은 복사압을 가지고 있다. 복사압이 발생하는 이유는 파동이 다른 물체에 충돌하면서 자신의 운동량이 변하기 때문인데 운동량은 물체가 가지고 있는 특성이다. 빛과 전자파가 과학자들의 주장처럼 에너지양자의 파동이라면 복사압은 일어날 수 없다. 그리고 소리, 빛, 전파를 포함해서 우주의 모든 파동이 일정한 속도와 방향을 유지하려고 하는 것은 파동이 관성을 가지고 있다는 것이며, 관성이 있다는 것도 역시 모든 파동에 질량이 개입되어있다는 증거이다. 우주의 모든 파동은 같은 원리(이웃하는 물질간의 충돌)로 발생하고, 같은 과정(발생

진동 → 전달 진동 → 수신 진동의 3단계)으로 전달되며 전달되기까지는 약간의 시간이 걸린다. 시간이 걸리는 이유는 매질(물질)이 운동하려면 가속도가 필요하고 가속도가 속도로 나타나려면 시간이 걸리기 때문이다.

1차원의 선(line)에서는 상하 혹은 좌우로 횡적인 파동이 가능하고, 2차원의 수면에서는 파동이 상하로 횡파가 발생한다. 그러나 그것은 외형만 보고 잘 못 판단한 것이며 내부를 들여다보면 모두 종파이다. 그리고 1, 2차원의 파동(선이나 수면파)과 3차원 파동(소리, 빛, 전파)은 근본적으로 역학 상태가 다르다. 횡파가 성립 되려면 앞으로 가는 추진력 외에 추가로 횡적으로 이동한 파동을 다시 원위치로 복원시키는 복원력이 함께 존재해야 가능하다. 1, 2차원의 파동은 파동의 추진력 외에 끈의 인장력이나 물의 부력과 중력이 작용해서 횡으로 이동한 매질을 다시 원위치로 복원시키기 때문에 횡적인 파동이 가능하지만 3차원 공간에서 움직임이 자유로운 입자들은 한번 횡적으로 이동하면 다시 원위치로 복원시켜주는 힘이 존재하지 않는다.

파동을 일으키는 선(line)이나 수면의 한 점을 횡적인 움직임은 무시하고 종적인 움직임만 관찰하면 앞뒤로 진동을 하고 있다는 것을 알게 된다. 그리고 파도의 움직임을 함께 따라가면서 관찰하면 물이라는 도미노에 의해서 파도가 앞으로 나가는 것을 알 수 있다. 바닷가의 방파제에 파도가 엄청난 힘으로 부딪히는 것을 보면 파도가 횡적인 운동을 통해서 종적인 추진력을 생산한다는 것을 쉽게 알 수 있다. 쉽게 설명하면 물고기가 꼬리를 횡적으로 움직이지만 그것은 종적인 추진력을 만들기 위한 보조수단에 불과하듯이 횡적인 파동은 종적인 파동을 만들기 위한 보조 운동에 불과하다. 1차원이나 2차원에서는 비어 있는 공간 쪽으로 횡적인 움직임을 이용해서 종적인 파동을 생산하지만 3차원에서는 횡적인 움직임은 서로 상대의 움직임과 충돌하므로 불가능하고 오직 종적인 움직임만 가능하다.

과학자들은 빛이나 전자기파를 광자(에너지 입자)의 횡적인 파동처럼 설명한다. 과학자들의 설명처럼 빛이나 전파가 1차원의 선으로 움직인다면 그 설명은 그럴 듯해 보인다. 그러나 3차원에서는 측면으로 진동할 수 있는 방법이 없다. 과학자들은 거시적이며 복합적인 현상은 고려하지 않고 미시적이며 단일한 현상만 생각해서 터무니없는 이론을 생산한다. 순수한 횡파는 앞으로 나갈 추진력도 없고 진행하는 방향으로 운동량을 교환할 방법이 없어서 반사는 물론 공명진동이나 전자기유도를 일으킬 수도 없다. 수면파나 선에 의한 횡파는 파동의 추진력과는 별개로 파동의 복원력이 있지만 3차원의 허공에 있는 파동은 복원력이 없어서 측면으로 한번 이동하면 복원이 불가능하다. 맥스웰이 전류와 자력선이 수직으로 교차하는 것과 1, 2차원에서 생기는 횡파를 보고 아이디어를 얻어서 전자기파를 전기파와 자기파가 수직을 이루는 별개의 평면에서 서로 횡적으로 교차하는 엉터리 이론을 개발했을 것이다.

　소리는 물체진동에 대한 지구기체의 반항이고 빛은 분자진동에 대한 우주기체의 반항이며 전파는 전자진동에 대한 양전자의 반항이다. 소리와 빛과 전파는, 조용히 평화롭게 존재하고 싶은 매질들을 흔들어 대는 괴롭힘에 대한 저항의 몸부림이다. 우주의 모든 현상은 이웃하는 물질들의 충돌에 의해서 나타나는 것이며 파동은 그 충돌에 저항하는 몸부림이다. 모든 파동의 매질은 상대에게 운동량을 전달하고 자신의 운동량은 감소되므로 전자기파의 에너지양자처럼 상대를 가속시키면서 자신도 동시에 가속되거나 혹은 상대에게 힘을 전달하면서 자신의 힘도 줄어들지 않고 전진하는 방법은 없다. 모든 파동매질은 상대에게 같이 흔들자고 부탁해서 진동하는 것이 아니라 자신이 앞으로 나아가서 상대를 공격하기 때문에 상대가 반항하면서 억지로 진동하는 것이다. 그리고 순수한 횡파는 전진이나 반사를 할 수 있는 방법이 없다. 수면파가 겉으로는 횡파처럼 보이지만 종파의 성질이 함께 존재하기 때문에 전진도 하고 반사도 하는 것이다. 빛이 태양 주변을 지날 때에 중력에 의해서 휜다는 것을 과학자들이 발견했다. 그런데 중력은 물질에만 작용한다. 그러므로 빛이 중력에 의해서 휜다는 것은 빛이 물질로 구성돼있다는 증거다. 파동이 생기는 이유와 과정을 좀 더 구체적으로 알게 되면 파동이 모두 물질이라는 것을 더 이해하기 쉬워지므로 물질간의 저항계수와 그로 인해서 중력과 여러 가지 파동이 발생하는 역학 관계를 설명해 보겠다.

소립자가 바람처럼 직류로 흐르면서 물체(분자 이상의 물질)를 통과할 때에 받는 저항의 크기가 모두 다르다. 여러 가지 소립자들이 물체를 통과할 때에 물체의 저항 때문에 나타나는 힘이 바로 소위 중력이다. 중력은 도체 속에서 전자가 이동하면서 발생하는 전류의 저항과 유사한 개념이며 도체 마다 저항 값이 다르듯이 소립자들도 여러 가지 물체를 통과할 때 저항 값이 모두 다르다. 그러므로 물체의 무게(중력)는 만유인력처럼 질량에 무조건 비례하는 것이 아니라 물체의 상태(운동이나 결합의 상태)에 따라서 저항 값(무게; 중력)이 변할 수 있다. 전기저항도 도체의 온도나 모양에 따라서 달라지는 것과 같다. 권투선수가 상대로부터 주먹을 맞을 때에 가만히 서서 맞는 것과 피하면서 맞을 때에 충격(저항)이 전혀 다르다. 그러므로 같은 물질이라고 하더라도 고체, 액체, 기체 각각의 1분자의 무게는 다를 수 있으며 그래서 움직임이 자유로운 기체 분자는 '동류 경쟁의 법칙'에 의해서 소립자와 정면충돌하지 않으므로 무게(중력)가 거의 없어서 공중에 떠 있게 된다. 분자 이하의 자유 입자들은 중력의 영향을 거의 받지 않으므로 미시물리학에서는 전자기력만 고려하고 중력(만유인력)을 무시해도 아무런 문제가 없는 것이다.

소립자들 간에도 서로 마주치면 반응하는데 그 반응하는 정도(간섭계수 : 일종의 저항계수)가 모두 다르다. 입자들 사이에서 간섭계수(저항계수)가 큰 종류는 한 쪽이 진동하면 상대도 공명 진동을 일으켜서 전파처럼 파동(전자기 유도)을 생산한다. 단일 분자와 우주기체는 상호 움직임이 자유로운 물체이기 때문에 거의 간섭을 일으키지 않지만 분자집단과 우주기체(빛의 파동 매질) 사이에는 간섭을 일으키기 때문에 분자가 집단으로 진동(회전진동)하면 우주기체가 공명 진동해서 광파를 발생하게 되며 일반 물체와 공기 사이에도 간섭계수(저항계수)가 크므로 물체가 진동(병진진동)하면 공기도 진동해서 음파를 발생한다. 만약에 공기와 물체의 간섭계수가 작아서 공기가 물체 사이를 자유롭게 통과한다면 물체가 진동해도 음파는 발생하지 않는다. 그리고 광파와 음파는 모든 물체에서 항상 발생하고 있는데 그것이 가시광선인지 아닌지 혹은 가청음파인지 아닌지의 차이에 의해서 인간이 느끼고 못 느끼는 차이가 있을 뿐이다.

빛이 파장에 따라서 색깔이 다른 것은 엄밀하게 말하면 빛의 색깔이 다른 것이 아니라 파장이 다른 빛에 따라서 공중의 부유물의 색깔이 변한 것이다. 빛은 단순한 파동에 불과하므로 빛 자체에 색깔이 있을 수 없으며 따라서 파장이 변한다고 빛의 색깔이 변할 수 없다. 중성미자는 일반 물질들과의 저항계수가 극히 작아서 저항이 거의 없이 자유롭게 물체 속으로 지나다닌다. 그런데 전기가 초속 30만 킬로미터의 속도로 가지만 실제로 전자가 그렇게 움직이는 것이 아니라 도미노처럼 충돌해서 그 효과가 30만 킬로미터를 가는 것처럼 중성미자의 속도도 중성미자의 충돌에 의해서 30만 킬로미터의 효과가 날 것이라고 예상된다. 다른 소립자들은 물체와의 저항계수가 커서 물체를 통과해서 자유롭게 파동을 전달하지 못하지만 중성미자는 물체를 자유롭게 통과하므로 물체 속에서도 파동을 쉽게 전달하는 것이다. 빛이 특수물질(투명물질이나 광섬유) 속에서 자유롭게 파동을 전달하는 것과 같다. 전자가 도체 속에서 자유롭게 운동하고 빛도 유리(투명 물질) 속에서 자유롭게 운동하지만 중성미자는 모든 물질 속에서 자유롭게 운동하는 것에서 차이가 있을 뿐이다.

중성미자가 저항계수가 작아서 다른 물체와는 거의 충돌(저항)하지 않지만 '동류 경쟁의 법칙'에 의해서 중성미자 자신들끼리는 충돌이 발생하므로 단독으로 그렇게 멀리 갈 수는 없다. 그러나 중성미자가 지구 속에 골고루 퍼져 있지 않다면 중성미자가 파동의 힘을 빌리지 않고 단독으로 빛처럼 빨리 갈 수도 있다. 가장 무서운 적은 내부(동류)에 있듯이 중성미자의 운동을 방해하는 가장 강한 적은 중성미자 자신이기 때문에 중성미자가 땅속에 산재해 있다면 단독으로 멀리 가지 못한다. 태양풍에서도 특수 입자들이 거의 무저항으로 지구로 날아오는 이유는 우주에 특수 입자가 우주 공간에 산재하지 않으므로 '동류 경쟁의 법칙'이 발생하지 않기 때문이다. 길거리에서 자동차가 많아도 불자동차는 마음대로 질주하고 사람들이 많아도 건달이 마음대로 활보하는 것과 같다. 불자동차나 건달은 특수 물질이라서 저항이 거의 없기 때문이다. 그러나 불자동차도 같은 불자동차(동류)와 부딪히면 간섭(저항) 받고 건달도 같은 건달(동류)과 마주치면 충돌(저항) 하게 된다.

과학자들이 중성미자를 발사해서 매우 먼 거리에서 실험 장치로 직접 탐지했다는 것은 마치 장거리 미사일을 발사해서 궤도 수정을 한 번도 안하고 목표를 타격했다는 것과 같아서 사실상 불가능하다. 중성미자가 장애물이나 중력 때문에 직선으로 갈 리가 없고 또 중성미자를 발사하는 장치와 목표물이 지구의 자전과 공전에 의해서 서로 다른 궤도로 운동하고 있기 때문에 정확히 목표를 겨냥해서 발사해도 궤도수정 없이 목표를 맞추는 것은 불가능하다. 그러므로 중성미자가 파동으로 전진해서 분산돼야만 작은 실험 장치로 탐지가 가능하다. 그리고 빛의 파동이나 중성미자의 이동이 모두 물질의 운동에 불과하므로 어느 것이 더 빠른지에 대해서 갑론을박할 필요도 없다. 400미터 계주를 할 때에 4명이 하지 않고 10명이 하면 더 속도가 느려진다. 각각의 주자가 최대 속도를 내기도 전에 바턴을 터치해야하고 또 바턴 터치를 하는 동안에 약간의 감속이 되니까 오히려 4명이 계주하는 것보다 속도가 느려진다. 빛의 파동이나 중성미자의 이동도 동료가 너무 많으면 '동류 경쟁의 법칙'이 작동해서 오히려 속도가 저하된다. 중성미자처럼 관성으로 등속을 유지하며 지치지 않고 달릴 수 있는 육상선수가 있다면 400미터를 계주로 달리지 않고 혼자서 달리는 것이 제일 빠르다. 그러므로 중성미자의 이동이 빛의 파동보다 빠르게 운동해도 전혀 이상할 것이 없다.

분자 이하의 자유로운 소립자들은 진동시킬 수 있는 장치만 있으면 모두 파동의 매질이 될 수 있다. 그 중에서 소리와 빛은 인간의 감각 기관으로 탐지가 가능하고 전파는 기계 장치로 쉽게 탐지 되지만 나머지 파동은 쉽게 탐지가 안 되는 차이가 있을 뿐이다. 우주 안에는 우리가 모르는 파동으로 가득하다. 경우에 따라서 매우 유사한 파동은 서로 간섭이 돼서 엉뚱한 파장으로 변질돼서 나타날 수도 있는데 과학자들이 어쩌다 그런 것을 탐지하고서 빅뱅의 흔적이라고 주장하는 것으로 추정된다. 그리고 파장이 다른 여러 가지 음파의 속도가 공기의 브라운운동 속도에 제약을 받아서 일정하듯이 소립자들의 운동이나 파동도 소립자의 브라운운동 속도에 제약을 받으므로 빛, 전파, 중성미자 등 소립자들의 파동이나 운동 속도는 모두 비슷하게 나타난다. 뛰어난 육상 선수라고 해도 군중 속에서 있으면 군중과 같은 속도로 달릴 수밖에 없듯이 모든 소립자의 파동이나 운동은 소립자들의 군중 속에서 제약을 받게 된다. 광대한 우주 공간에서는 소립자의 브라운운동의 속도에 변화가 크므로 아인슈타인이 주장하는 절대 광속보다 훨씬 빠를 수도 있으므로 지구에서 중성미자의 속도가 광속보다 조금 빠르거나 느려도 의미가 전혀 없는데 과학자들은 중성미자의 속도에 엄청난 관심을 가지고 있다. 음파가 매질(공기)의 구성 성분에 따라서 속도에 현저한 차이가 나듯이 빛도 우주기체의 성분이나 밀도에 따라서 변하겠지만 우주에서 발사된 빛이 지구에 접근할 때는 지구상공의 우주기체의 성분에 따라서 변화돼서 감지되므로 우주에서 오는 빛으로 탐지한 정보들은 모두 참값이 아니다.

최근 방송에서 우리나라의 몇몇 과학자들을 포함해서 무려 1,000 여명의 국제적인 과학자들이 참여하면서 무려 1조원에 가까운 연구비를 투입해서 중력파를 탐지했는데 그 결과로 우주 관측의 새로운 시대가 열렸다는 기사를 보도했다. 그러나 과학자들이 탐지했다는 중력파는 아인슈타인이 예측한 것처럼 블랙홀의 충돌이나 별의 폭발과 같은 우주의 대형 사건에 의해서 발생한 것이 아니다. 지구의 중력은 바람이기 때문에 뉴턴의 만유인력 공식처럼 일정한 크기로 작동하는 것이 아니라 항상 크기가 변하면서 흔들린다. 그래서 중력이 두꺼운 구름층에 의해서 국부적으로 흔들리면 토네이도가 발생하고 달에 의해서 넓은 지역에 중력이 흔들리면 조수가 발생하는 것이다. 그러므로 과학자들이 천문학적인 비용을 들여서 탐지한 중력파는 지구 중력이 미세하게 출렁이면서 나타나는 매우 평범하고 일상적인 현상이다. 중력파 탐사에 참여한 과학자의 말에 의하면 1년에 수백에서 수천 번까지 중력파를 탐지할 수가 있다고 한다. 우주에서 대형 사건이 어찌 그렇게 자주 일어 날 수 있겠는가? 그리고 그것이 설혹 과학자들이 주장하는 중력파라고 하더라도 첨단 장비로 탐지하기조차 어려울정도로 연약한 중력파가 무슨 힘으로 우주 공간을 왜곡하고 별들의 궤도를 바꿀 수 있겠는가?

모든 파동은 원인 진동이 생기면 이웃에 있는 물질(매질)이 공명 진동(저항 진동)해서 발생하는 것이며 공명 진동이 발생하는 이유는 두 물체 사이에 저항계수(간섭계수)가 크기 때문이다. 모든 파동은 전자기유도 현상처럼 저항계수(간섭계수)가 큰 두 물질간의 간섭(저항)에 의해서 발생하며 저항계수가 극대치로 증가하는 동류 물질에 의해서만 전달되는 것이다. 여러 가지 파동들이 같은 공간에서 진행하면서 같은 종류는 서로 간섭하지만 다른 종류와는 간섭을 일으키지 않고 독자성을 유지하면서 전달되는 이유는 '동류 경쟁의 법칙'에 따라서 같은 매질끼리만 충돌하고 파동을 전달하기 때문이다. 따라서 서로 간섭을 일으키지 않는 빛과 전파는 매질이 서로 다르다는 것을 알 수 있는데 과학자들은 빛과 전파가 같은 매질로 전달된다는 어처구니없는 주장을 하고 있다. 과학자들이 주장하는 에너지양자(빛과 전자기파의 매질)는 존재하지도 않지만 설혹 존재한다고 하더라도 질량이 없으므로 관성저항이 없어서 진동하는 순간에 무한대의 가속도가 발생해서 우주 밖으로 밀려나가야 하므로 진동을 계속할 수도 없고 상대에게 진동을 전달할 수도 없다.

빛이 물질적인 힘에 의해서 영향을 받지 않는 에너지양자의 파동이라면 어찌 물질에 불과한 광섬유에 갇혀서 밖으로 나오지 못하겠는가? 모든 물체는 항상 빛을 발사하고 있다. 주파수의 차이에 의해서 가시광선과 비가시광선으로 분류될 뿐이며 빛을 발사하는 물체의 온도(분자 진동수)가 변하면 광선의 종류도 바뀐다. 그런데 물체가 빛을 발사할 때에 분자의 운동량이 변할 뿐이며 물체로부터 어떠한 에너지도 발사되지 않는다. 빛을 발사하는 물체에서 에너지양자가 생성돼서 발사된다면 물체의 질량은 점점 감소해야 되는데 빛을 발사하는 물체의 질량이 보존된다는 것은 역으로 에너지보존(총량보존)의 법칙이 깨어진다는 모순을 가지게 된다. 총량보존의 법칙이 성립되려면 물체의 질량과 발사된 빛의 양자를 합한 값이 일정해야하는데 빛을 발사하는 물체의 질량이 불변이라면 빛의 양자는 존재할 수 없다. 그와 유사하게 만유인력을 계속해서 발사하는 물체의 상태에 아무런 변화가 없다는 것은 역시 만유인력이 존재하지 않는다는 것을 증명한다. 파동을 포함해서 우주의 모든 변화는 물체의 운동량이 변하면서 나타나는 현상에 불과하며 실제로 에너지라는 존재가 작용하는 것은 아니다.

진정한 변화(생성과 소멸)는 없다

 과학자들이 주장하는 것처럼 우주는 138억 년 전부터 존재를 시작한 것이 아니라 그냥 시간과 상관없이 존재한다. 시간이란 것은 실재가 아니라 인간이 만들어낸 단위일 뿐이므로 '우주는 과연 언제 탄생했는가?'라는 질문은 그 질문 자체가 잘못된 것이다.

 별과 생명을 포함해서 인간이 인식하는 모든 탄생은 소립자들의 위치가 변해서 발생하는 일시적인 현상에 불과하므로 우주에서 새롭게 태어나거나 사라지는 것들은 없다. 시작이 있다면 끝도 있어야 한다. 그래야 진정한 총량보존의 법칙이 성립된다. 단단한 바위나 높은 산도 세월이 흐르면 사라진다. 해와 달도 언젠가는 사라진다. 그렇다면 우주도 사라질 것인가? 그렇지 않다. 우주는 생성된 것이 아니라 그냥 존재하기 때문이다. 언젠가 사라지는 것은 전체 안에서 이뤄지는 일부의 변화이며 전체는 사라지지 않는다. 해와 별을 포함해서 생성된 것은 모두 현상이지만 우주의 존재 자체는 본질이다. 우주의 모든 변화는 물질의 운동 상태를 인간이 자신의 방식으로 인식한 것이며, 따라서 진정한 생성(창조)과 소멸(종말)은 존재하지 않는다.

아인슈타인의 이론 중에 질량이 변해서 에너지로 바뀐다는 $E = mc^2$ 라는 유명한 공식이 있다. 그런데 이 공식은 차원이 다른 물리량이 서로 교환된다는 논리적인 모순을 가지고 있을 뿐만 아니라 양자이론과 충돌되므로 현실적으로도 실현이 불가능하다. 만약에 위 공식에 따라서 물질양자가 에너지양자로 변환할 때에 점진적으로 변한다면 양자의 크기도 함께 변해야 한다. 그렇게 되면 최소한의 기본 단위라고 정의한 양자의 개념이 사라지게 된다. 그러므로 양자이론과 아인슈타인의 에너지이론이 동시에 성립되려면 물질양자가 변화의 과정이 없이 곧바로 에너지양자로 변해야 한다. 양자이론에 부합하면서 물질이 에너지로 변하려면 변하는 과정이 없이 변해야 되는데 과정이 없는 변화가 존재할 수 있겠는가?

그리고 물질양자가 에너지양자로 변한다는 것은 엄밀히 말하면 물질양자의 소멸과 에너지양자의 생성이므로 창조에 해당하는데 그것이 가능하겠는가? 또한 양자의 생성과 소멸을 포함해서 양자가 변한다는 것은 양자의 크기가 변한다는 것인데 그러면 양자의 개념이 깨지므로 양자는 어떠한 변화도 할 수 없다. 양자는 오직 위치의 변화만 가능하므로 당연히 물질양자가 에너지양자로 변할 수 없다. 그리고 양자가 생성되거나 소멸되려면 양자가 존재하는 시간과 존재하지 않는 2개의 시간이 필요하므로 양자의 생성과 소멸은 양자이론은 물론 시간이론에도 충돌돼서 실현이 불가능하다. 우주에는 진정한 변화는 없고 오직 위치의 변화만이 존재한다.

물이 굳어지면 얼음이 되고 흩어지면 수증기가 된다. 그와 같이 우주의 소립자들이 뭉쳐서 굳어지면 땅이 되고 분해돼서 흩어지면 하늘이 된다. 고체인 얼음과 기체인 수증기가 같은 재료로 만들어지듯이 땅과 하늘도 같은 재로로 만들어져 있다. 그러므로 하늘이 높고 땅은 낮다는 것은 인간의 편견이고 우주에서 보면 하늘과 땅은 모양과 역할이 다를 뿐이며, 시간이 흐르면 하늘은 블랙홀을 통해서 고체를 형성하면서 땅으로 변하고 땅은 초신성으로 변하면서 하늘로 돌아간다. 그러므로 하늘과 땅은 둘이 아니라 하나다. 우주의 본질은 항상 변함없이 그대로이며 모양과 역할이 변하는 것은 현상에 불과하다.

곡선을 짧은 구간으로 잘라놓으면 직선으로 보인다. 과학자들은 우주라는 곡선을 자기 앞의 미시적인 곳만 바라보면서 직선이라고 우긴다. 작은 구간에서는 계수와 상수만 잘 조절하면 곡선을 직선으로 계산해도 오차가 거의 없다. 그래서 과학자들의 엉터리 이론들이 학설로 통용된다. 하지만 과학자들의 직선이론들은 좁은 구간에서는 그럴 듯하지만 영역이 커지면 현실과의 괴리가 확대되므로, 그것들을 통합한다 해도 자연스러운 곡선(통일장이론)은 만들지 못한다.

인간이 인식하는 모든 변화는 우주라는 조합 안에서 순열이 바뀌는 것에 불과하며 시간이 실제로 존재하지 않으므로 우주는 창조되지 않아도 스스로 존재한다. 색즉시공, 공즉시색, 제행무상, 제법무아, 일체유심조 등의 용어를 불교가 철학적인 의미로 사용했지만 이 용어들을 과학적으로 사용해도 전혀 무리가 없다. 왜냐하면 본질과 현상은 둘이 아니라 하나이며, 모든 현상은 인간이 자신의 인식으로 받아들인 주관적인 형태이기 때문이다.

많은 과학자들이 수학의 맹신에 빠져있다

수학에서 주장하는 0차원의 점, 1차원의 선, 2차원의 면은 실제로는 존재하지 않는다. 왜냐하면 우주에 존재하는 것은 모두 3차원이기 때문이다. 수학에서 사용하는 무한대나 무한소도 존재하지 않으며 숫자 0에 해당하는 실체도 존재하지 않는다. 그러므로 이렇게 없는 것들로 무언가를 계산하거나 생각하면 그 자체가 모순이 된다. 수학에서 사용하는 무리수와 허수는 말 그대로 실제로 존재하지 않은 무리하고 허구인 숫자(기호)들이다. 수학은 관념의 유희이며 숫자를 이용한 게임에 불과하다. 그러므로 굳이 학(學)자를 붙여서 학문이라고 할 수도 없다. 학문의 목적은 진실을 규명하기 위한 것이어야 한다. 그런데 수학은 측정을 위한 보조 수단으로 사용될 뿐이며 수학 자체에 자연이나 사회에 대한 진실이 들어 있지는 않다.

수학에서 주장하는 1+1=2라고 하는 것이 진실일까? 우선 이 항등식이 성립하려면 이 세상에 똑같은 1이 2개가 있어야 가능하다. 그런데 똑같은 1은 인간의 관념과 셈법에만 있을 뿐 물리학에서는 없다. 왜냐하면 우주에는 정말로 똑같은 사물은 하나도 없기 때문이다. 원자 이하의 물질은 모양이 같을 수는 있지만 위치와 속도가 완전히 똑같은 입자는 없다. 생명을 포함해서 모든 개체는 비록 모양이 같을 지라도 완전히 똑같은 존재는 없다. 우주에 있는 모든 1은 또 다른 1일뿐 같은 1이 아니다. 수학은 유사한 것을 같은 것이라고 가정해야 성립되는 학문이다. 그러므로 수학에서 구한 물리적인 값은 모두 참값이 아니라 근삿값에 불과하다.

인간이 우주에 관한 모든 이론을 실험으로 직접 증명하기 어려우므로 수학이라는 수단을 이용해서 이론적으로 증명하게 되었다. 그런데 많은 과학자들이 무턱대고 수학을 물리학의 온전한 수단으로 생각해서 물리학을 혼란에 빠뜨렸다. 물리학을 탐구할 때는 물리적인 논리가 먼저 성립되고 그것을 증명하기 위한 보조수단(증거)으로 실험이나 수학이 동원돼야 한다. 그런데 많은 과학자들이 먼저 수학에 의존해서 물리학을 계산함으로써, 블랙홀의 중심에 질량이 무한대에 가까운 작은 덩어리가 존재할 것이라는 계산을 내놓았다. 앞에서 빅뱅 이론의 모순을 설명하면서 말했듯이 물질의 압축에는 한계가 있을 뿐만 아니라 텅 빈 허공에서 무슨 장치와 힘으로 압축을 한단 말인가? 압축이 현실적으로 불가능하지만 설혹 압축을 했다고 하더라도 그 상태를 유지할 방법도 없다. 과학자들은 만유인력의 법칙과 억지로 짜 맞추려고 초신성의 중심에 압축된 중성자덩어리가 있다고 주장한다. 그러나 만유인력이 실제로 있다면 별의 중심에서는 만유인력이 오히려 밖으로 작용해서 중력이 존재할 수 없으므로 질량을 고도로 압축하고 유지할 능력이 없다. 모든 별은 같은 원리로 생성되고 소멸할 것이므로 초신성의 중심에도 태양이나 지구의 중심과 크게 다를 리가 없다.

과학자들은 수학적으로 계산해서 그 결과로 물리학을 유추한다. 과학자들이 수학에 지나치게 의존하면 미시적인 현상에 빠지고 거시적인 현상을 보지 못한다. 아인슈타인은 잘못된 뉴턴의 만유인력을 기초로 해서 천체현상을 유추하고 수학적으로 계산했기 때문에 오류에 빠졌다. 물질의 이치를 깨우치기 위해서는 물리적인 감각과 논리를 먼저 사용하고 그 다음에 보조수단(증거)으로 수학적인 방법을 동원해야 한다. 먼저 기본원리를 논리적으로 성립시키고 그 원리에 의해서 나타나는 현상을 증명하기 위해 수학을 사용해야하는데, 수학 자체로 원리를 세우고 증명하려는 것은 옳지 않다. 오늘날 물리학의 여러 가지 오류는 수학을 맹신하는데서 비롯되었다. 과학자들은 수학으로 증명되면 모두 진실일 것이라는 믿음을 가지고 있는데, 이것은 소위 수학종교와도 같은 것이다. 신은 원초적으로 인간이 공포와 불안으로부터 탈출하기 위해 만든 관념의 산물인데 사람들이 교리에 빠져 그 신을 맹신하듯, 과학자들도 수학이라는 관념의 방법론에 빠져서 그것을 맹신하고 있다.

뉴턴과 아인슈타인을 비롯해서 천재성을 지닌 과학자들은 상상력이 풍부하고 대부분 수학을 좋아한다. 그래서 자신들의 뛰어난 수학 실력을 바탕으로 엉뚱한 상상력을 수학으로 이론화시켰다. 그 후 많은 과학자들이 뉴턴이나 아인슈타인 같은 선구자적 과학자들의 이론이라면 일단 그 아우라에 눌려서 옳은 것으로 인정하고 들어간다. 하지만 그들의 이론도 많은 오류를 내포하고 있다. 이를테면 빛이 정말로 등속을 유지한다면 빛은 영원히 사라지지 않게 되는 모순을 안게 된다. 파동이 발생한 후에 등속을 유지하다가 갑자기 소멸할 수는 없으므로 파동의 속도가 점점 감소돼야 소멸이 가능하다. 그러므로 기존 과학자들이 주장하는 빛의 속도는 엄밀하게 말하면 지구의 중력 환경에서 발생하는 빛의 초기 속도에 불과하다. 과학자들이 지구 중력 속에서 매우 짧은 거리로 빛의 속도를 측정하고 등속을 유지한다는 가정으로 빛의 속도를 초속을 30만 킬로미터라고 주장한 것이며, 실제로 빛이 1초에 30만 킬로미터를 가는지 확인해본 적은 없다. 빛의 속도가 일정하다면 빛의 파장과 주파수는 과학자들이 주장하는 것처럼 반비례하겠지만 빛의 속도가 줄어든다면 그런 관계는 사라진다. 짧은 거리에서 빠른 빛으로 실험하면 속도와 파장의 변화를 측정하기 어려우니까 속도가 약한 음파로 대신 측정해보면 시간이 흐르면서 속도와 주파수가 함께 줄어드는 것을 탐지할 수 있다. 주파수의 크기가 제로가 되면 속도도 제로가 돼야 하고, 역으로 파동의 속도가 제로가 되면 주파수도 제로가 돼야 한다. 그러므로 모든 파동은 진행하면서 속도와 주파수가 줄어들 수밖에 없다.

 음속이 매질의 상태에 따라서 변하듯이 광속도 중력이 바뀌면 달라져야 한다. 따라서 과학자들이 먼 곳에서 온 빛으로부터 획득한 자료로 추정한 것들은 변질되거나 감속된 빛으로부터 얻은 것이므로 대부분 진실이 아니다. 과학자들이 먼 곳에서 온 별빛이라고 주장하는 빛도 실제로는 매우 가까운 별에서 발생한 것일 수 있다. 우주 먼 곳에도 별들이 존재하겠지만 그 곳에서 발생한 빛은 지구에 도달하기 전에 소멸했을 가능성이 높다.

 블랙홀의 흡인력이 만유인력에 의한 것이라면 블랙홀의 만유인력은 점점 더 커지고 무한대로 발전해서 결국 우주를 모두 삼켜버려야 한다. 그러나 우주에는 끝까지 한쪽으로 가는 현상이나 법칙은 결코 없다. 일방통행인 열역학 제2법칙은 한시적인 법칙이며 정확하게 말하면 법칙이 아니라 하나의 현상이다. 별이 생성되거나 생명이 탄생할 때는 무질서도가 줄어들면서 열역학 제2법칙과는 반대로 움직인다. 지금까지의 과학 이론이, 지금 진행 중인 부분적인 현상은 그럴듯하게 설명하지만 우주 전체의 장기적인 현상에 대해서는 설명하지 못하는데, 그것은 마치 작은 포장지(부분 이론)로 큰 물건(우주)을 포장하려다보니 어쩔 수 없이 눈에 보이는 곳만 포장해놓고 다 가렸다고 주장하는 '눈 가리고 아옹'식의 주장이다.

과학은 재정립 되어야 한다

인간이 하는 행위는 종교라는 이름이나 형식을 사용하지 않더라도 거의 모두가 종교행위에 해당된다. 확인된 것만 믿는 것을 소위 과학이라 하고, 확인되지 않은 것을 믿으면 종교에 해당된다. 유신론은 물론 무신론도 모두 종교 행위다. 왜냐하면 무신론이나 유신론은 아직 확인되지 않았기 때문이다. 인간이 가진 지식은 많은 부분이 진실이 아니지만 오해나 세뇌를 통해서 얻어진 정보가 점점 진실처럼 믿겨지면서 일종의 신앙이 만들어진다. 그런 현상은 학문 세계에서도 발생하는데 인문학은 물론 자연과학에서도 빈번하게 나타난다. 종교와 현대물리학은 공통점이 많다. 종교가 확인이 불가능한 영적 세계를 믿음으로 주장하는 것처럼 현대물리학도 인간이 가볼 수 없는 먼 우주나 인식이 불가능한 미시의 세계를 가설이나 이론으로 주장한다.

현대의 제도권 물리학자들은 자신들이 열심히 공부해서 마침내 난해한 현대물리학을 이해했다고 착각한다. 그러나 현대물리학은 대부분 진리가 아니라 공상과학에 불과하다. 그 공상과학은 근대물리학의 시조라 불리는 뉴턴이 실제로 존재하지도 않는 만유인력으로 기초를 다졌고, 현대물리학의 개척자라 불리는 아인슈타인이 착각에 불과한 상대성이론으로 뼈대를 세웠으며, 근래에는 스티븐 호킹이라는 이론물리학자가 황당무계한 빅뱅이론으로 지붕을 덮었다. 이제 누군가가 공상과학이라는 울타리 안에 타임머신의 이착륙장만 그럴듯하게 건설하면 공상과학은 새로운 과학종교로 완성되는 경지에 이르렀다.

우주에는 한쪽으로 기우는 존재나 법칙이 있으면 그 반대로 기우는 존재나 법칙도 병존해야 균형을 이룰 수 있다. 그리고 그래야 변화와 복원을 통한 순환이 가능하다. 따라서 여러 가지 과학법칙 중에서 한쪽으로만 일방적으로 작용하거나 무한대의 조건을 만족시키는 법칙이나 이론은 모두 잘못된 것이다. 만약에 핵분열이나 핵융합의 과정에서 물질이 에너지로 변하면서 점점 물질의 총량이 줄어들기만 하고 물질 생성의 가역 반응이 일어나지 않으면 언젠가는 우주에서 물질이 사라지고 천지창조 이전의 상태로 되돌아가고 말 것이다. 열역학 제2법칙(엔트로피의 증가)이나 빅뱅이론처럼 한쪽으로만 흐르는 현상만 있다면 우주는 복원력을 잃게 되며 복원력을 잃으면 순환은 불가능해진다. 순환이 이루어지지 않았다면 우주는 이미 오래전에 소멸했을 것이다.

　이와 같이 일방적으로 한 쪽으로만 작용하는 법칙은 우주 전체를 보지 못한 채 한시적이며 국지적인 현상만을 설명하는 엉터리 이론에 불과하다.

　수학을 남용하는 현대 물리학자는 히브리어를 남용하는 목사와 같다. 자신들의 내재된 합리성이 취약하므로 일반인이 공격할 수 없는 수학 또는 히브리어를 외적인 무기로 사용해서 무언가 대단한 척 하는 것이다. 자연의 이치는 수학을 몰라도 모두 이해할 수 있어야 한다.

　서양인과 동양인은 생김새부터 다르지만 사고방식도 근본적으로 다르다. 서양은 미시적이며 가시적인 현상에 관심을 가진다. 동양은 거시적이며 근본적인 원인을 알려고 노력한다. 그래서 서양의학은 현상(증상)중심이기 때문에 가슴이 아프면 가슴을 칼로 찢어서 들여다본다. 그런데 동양의학은 근원(원인)중심이기 때문에 아픈 곳보다 아프게 만드는 곳을 찾아서 엉뚱한 곳에다 침을 놓는다. 서양의학은 증상치료에 집중하므로 치료가 빠른 반면에 부작용이 많다. 동양의학은 근원치료를 하니까 시간이 많이 걸리지만 부작용이 적다. 그러므로 급한 병이 발생하면 양방병원으로 가고, 덜 급한 병이 걸리면 한방병원으로 가는 것이 좋다.

그런데 대부분의 현대 학문이 서양에서 비롯되다보니까 과학도 그 경향을 벗어나지 못하고 있다. 서양 과학은 각각의 분야에서 부분적인 곳을 보면서 현상을 수학이라는 칼로 해부해본다. 생명뿐만 아니라 우주도 하나의 유기체와 같으므로 전체를 거시적으로 봐라봐야 원인을 바르게 규명할 수 있는데 현대의 과학은 서양의학처럼 아픈 곳만 들여다보고 처방전(이론)을 내 놓는다. 그러다 서양식으로 학문을 추구하는 방법(미시적인 세분화 방법)에 문제가 생기니까 요사이는 융합이니 통섭이니 하면서 서로 다른 학문과의 유기체적인 고찰을 해보려고 노력한다.

아인슈타인을 비롯해서 현대 과학자들의 우주에 관한 이론은 잘못된 뉴턴의 만유인력을 기초로 해서 발전했으므로 모순의 연속선상에 있다. 한 이론의 모순을 메꾸기 위해 또 다른 보완 이론이 계속해서 나오지만 역시 모순이 내재하게 되므로 이런 것을 모두 통합한 소위 통일장이론을 만들려고 하지만 신통치가 않다. 과학자들은 만유인력과 고전물리학으로 우주를 설명하다가 에너지의 연속성이 없고 실재하는 현상을 설명하는 데 어려움이 발생하자 자신들이 주장하는 진화론을 무시하고 기독교의 창조론에 부응해서 새로운 현대물리학과 에너지양자를 창조했다. 진리는 과거와 현재는 물론 미래에서도 통해야 진리라고 할 수 있으며, 과학에서 통한 진리라면 종교나 사회를 비롯한 모든 현상에서도 똑같이 통해야 참 진리라고 할 수 있다.

지금까지 과학자들은 우주를 부분적으로 해석했다. 그러나 필자는 우주를 전체의 모든 요소가 서로 상관관계를 가진 단일 구조물로 보고 그 속에서 일어나는 부분적인 현상들을 전체와 연결해서 거시적으로 분석하고 통찰해 봤다. 어떤 구조물에서 한 점에 힘이 작용하면 그 점에만 변화가 생기는 것이 아니라 그 효과가 구조물 전체에 골고루 퍼진다. 자연과 사회를 포함한 우주의 모든 곳에서도 그와 같은 현상이 일어난다.

우주는 대립적인 요소들이 서로 짝을 이루면서 구성되어있다. 하늘과 땅, 물질과 생명, 육체와 정신, 자연과 사회, 과학과 종교, 이승과 저승 등이 그것이다. 그런데 이런 요소들은 동전의 양면과 같아서 어느 한 쪽만 열심히 공부하면 균형을 잃게 되고 따라서 우주의 원리를 올바르게 파악하기 어렵다. 우주의 원리를 올바르게 파악하기 위해서 먼저 어떤 요소의 속으로 들어가서 미시적으로 분석하고 다시 밖으로 나와서 거시적으로 관찰한 다음에 관련된 요소들을 공시적이며 통시적으로 연결해서 전체를 유기적으로 탐구해봐야 한다. 그리고 우주를 탐구하는 첫 단계로 물질과 생명을 공부하면 자연이라는 것을 이해하게 되고, 그 다음에는 사회라는 것을 공부해야한다. 자연과 사회를 공부하면 소위 이 세상(이승 : 현세)이라는 것을 알게 되고 그 다음에는 저 세상(저승 : 내세)도 공부해야 한다. 이승과 저승까지 모두 섭렵해야 우주의 원리를 근본적으로 깨우칠 수 있기 때문이다.

제 3 장
자연에 대하여
과학의 자연학

Nature Study in Science

▼ 자연과 우주는 순환을 반복한다

Nature Study in Science

　우주 전체를 거시적인 측면에서 보면 힘의 균형을 이루고 있지만, 미시적으로 보면 항상 불안정하고 유동적이며 주변의 상황에 따라서 결집(생성)과 분산(소멸)을 반복한다. 그런데 이 결집과 분산의 순환법칙은 우주, 자연, 인간, 정치, 경제, 사회, 종교 등 모든 분야에서 예외 없이 나타나는 공통적인 현상이다.

　사회도 현재의 기득권을 지키려는 보수 세력과 그것을 깨트리려는 진보 세력과의 싸움이 지속적으로 순환하며 진행된다. 물질세계에서 나타나는 '결집'에 해당하는 사회의 동류현상은 설립, 발전, 성장, 양극화, 보수 등이며, '분산'의 동류현상은 해산, 쇠퇴, 분배, 평준화, 진보 등이다.

　태어나는 순간 삶은 죽음으로 가는 과정이듯이 진화도 발전이 아니라 퇴화나 소멸로 가는 과정일 수 있다. 이 세상에서 진정한 진화나 발전은 없다. 모두 탄생과 소멸을 반복하는 과정일 뿐이다. 발전이나 진화는 미시적 현상을 보는 것이고, 거시적으로 보면 우주는 진화나 발전을 하는 것이 아니라 생성(결집)과 소멸(분산)의 반복일 뿐이다. 무에서 유로 변하는 진정한 창조나, 반대로 유에서 무로 변하는 진정한 종말은 실제로는 없으며, 진화는 퇴화와 함께 변화의 과정에서 일어나는 일시적인 현상에 불과하다. 그러므로 창조나 진화라는 표현은 모두 인간의 언어유희(言語遊戱)에 불과한 것이며 우주에는 그저 변화만이 존재하는 것이다.

우주의 기본현상은 열역학 제2법칙처럼 일방통행이 아니라 쌍방향통행(왕복, 순환)이다. 우주와 생명은 거시적이든 미시적이든 모두 순환한다. 그 순환을 설명하지 못하는 뉴턴이나 아인슈타인의 이론은 모두 거짓이다. 순환이 멈추면 별이나 생명은 물론 사회도 사망한다. 지구는 공전과 자전의 순환을 멈추면 사망(폭발)한다. 인간도 혈액순환이 멈추면 사망한다. 물도 순환하지 않으면 썩는다. 권력과 경제도 순환하지 않으면 부패하거나 붕괴한다.

육식동물이 죽으면 분해돼서 식물의 영양소가 되고, 그 영양소를 먹고 자란 식물을 초식동물이 먹고, 육식동물은 다시 초식동물을 먹는다. 이처럼 자연은 순환한다. 이것이 자연의 법칙이고, 자연을 품은 지구는 다시 생성과 소멸이라는 별의 순환을 따라간다. 우주에 존재하는 모든 것은 순환을 벗어나서는 존재할 수 없다. 우주의 총량은 변함이 없으며 분산과 결합이 교대로 작용하면서 순환한다. 무에서 유로 변하는 진정한 창조나, 유에서 무로 변하는 진정한 종말은 존재하지 않는다. 무에서 유로 변한다는 주장은 마치 0을 수없이 더하면 1이 될 수 있다는 주장과 같다. 우주가 결집과 분산을 통하여 순환은 하지만 아인슈타인의 에너지이론처럼 차원이 다른 물리량으로 변환한다는 것은 곰이 마늘과 쑥을 먹고 사람으로 변한다고 하는 것보다 더 불가능한 일이다.

살아있는 별은 영양분(소립자)을 섭취한다

Nature Study in Science

　스텔스 비행기는 전파를 흡수하거나 산란시키기 때문에 전파로 탐지되지 않는다. 그와 같이 우주에는 빛이나 전파로 탐지되지 않는 물질이 많다. 과학자들이 암흑물질이라고 일컫는 것은 물질을 구성하는 기본입자(소립자)들이다. 빛이나 전자기파와 같은 파동을 이용해서 무엇을 탐지 하는 것은 그 물질이 파동을 반사하기 때문에 가능하다. 만약에 그 물질이 파동에 순응(공명)하거나 통과시키면 그 물질을 탐지 할 수가 없다. 예를 들어 공기는 음파에 순응하므로 음파로 공기의 존재를 탐지 할 수가 없다. 그러나 음파가 아무런 문제없이 잘 전파되고 있다는 것은 역으로 공기가 존재한다는 것을 증명하는 것이다. 이와 같이 우주에는 소립자들로 가득하고 그 소립자들 중에서 빛의 매질은 빛에 순응(공명)하지만 전파는 통과 시키고, 또 전파의 매질은 전파에는 순응하지만 빛은 통과시키므로 소립자들은 빛이나 전파에 의해 탐지될 수 없다. 파동에 순응하거나 파동을 통과시켜 버리면 그 파동으로 상대를 탐지할 수 없는 것이다. 이물질(구름과 먼지)이 섞여 있지 않은 순수한 공기는 빛과 전파를 통과시켜버리므로 빛과 전파로 공기를 탐지 하지 못하는 것과 같다. 공기는 공기의 이동 즉 바람을 통해서 공기의 존재가 탐지 되듯이 소립자도 소립자의 이동 즉 중력으로 소립자의 존재가 탐지 되는 것이며, 따라서 중력 현상이 바로 소립자(암흑물질)들의 존재를 입증하는 것이다. 결론적으로 말하면 공기의 존재는 음파(공기의 진동)로 탐지하는 것이 아니라 바람(공기의 이동)으로 탐지되는 것처럼 소립자의 존재도 파동(빛이나 전자기파)으로 탐지되는 것이 아니라 중력(소립자의 이동)으로 탐지되는 것이다.

'동류 경쟁의 법칙'에 따라서 서로 다른 매질은 충돌(간섭)하지 않는다. 그래야 여러 가지 파동이 독자성을 유지하면서 전파될 수 있다. 과학자들은 성간물질들이 파동(전파나 빛)으로 탐지되지 않으므로 그것을 정체를 알 수 없는 암흑물질이라고 이름을 붙인 것이다.

우주에 가득한 암흑물질(소립자)들의 운동이 약해지면 '동류 단합의 법칙'에 따라서 응결해서 블랙홀을 만들고 블랙홀이 형성되면 우주 저기압이 발생해서 더욱 많은 암흑물질들이 블랙홀로 모여들어서 물질을 융합하고 별을 생성하는 것이다. 별들의 주변에는 중력이 흐르므로 정체불명의 암흑물질이 탐지되지만 별과 별 사이의 무중력 지대에서는 중력이 흐르지 않으므로 암흑물질이 존재하지만 탐지되지 않는 것이다. 그래서 과학자들은 그곳에는 암흑에너지로 채워져 있다고 착각하지만 거기에도 모두 암흑물질로 채워져 있다. 결론적으로 말하면, 소립자들이 이동해서 바람을 일으키면 암흑물질로 인식되고, 소립자들이 그 자리에서 브라운운동만 하고 있으면 암흑에너지로 오해되는 것이다. 에너지는 실재가 아니라 현상이기 때문에 에너지 양자나 암흑에너지처럼 독립적으로 존재할 수 없다.

 별의 임신, 출산, 성장, 사망은 생명체의 과정과 똑 같다. 생명도 겉모양은 똑 같지만 살아있는 것과 죽은 것(시체)이 있듯이 별도 살아있는 별과 죽은 별이 있다. 별이나 생명 모두 살아있는 것과 죽은 것의 차이는 에너지대사를 하느냐 안 하느냐로 구분된다. 우주에 있는 블랙홀은 별을 생산하는 자궁이며 블랙홀을 발생시키는 힘은 과학자들이 주장하는 만유인력이 아니라 지구에서 태풍이 발생하는 과정과 유사하게 발생하는 우주 저기압에서 나온 흡인력 때문이다. 태풍은 '다습한 바다의 상공에서 수증기들의 운동력이 저하되면 응결해서 비가 내리고, 그 빈 공간 때문에 저기압이 발생하면서 주변의 공기가 중심부로 불어 들어가지만 수증기가 계속 응축돼서 저기압을 유지하는 현상'이다. 태풍의 중심부로 불어 들어간 바람은 수분을 빼앗겨 건조한 바람이 되고, 그로 인해 형성된 와류와 관성 때문에 공기가 공중으로 상승하므로 구름에 구멍이 난 것 같은 태풍의 눈이 생성되는 것이다. 토네이도는 지구 쪽으로 흐르는 중력의 와류 때문에 발생하므로 발생부위인 상부가 넓지만 태풍은 상승 공기의 와류이므로 위로 올라갈수록 반경이 작아진다. 태풍이 불면서 육지로 이동하면 습한 바람 대신에 건조한 바람이 불고, 더 이상 수증기의 응결은 일어나지 않으므로 기압이 정상화 되고 태풍도 소멸한다. 그와 비슷하게 우주 공간에서 소립자들의 운동력(현상적인 힘)이 결합력(본질적인 힘)보다 작아지면 소립자들이 응결하면서 저기압이 발생하므로 중심부로 소립자의 바람이 불고 중심부에 몰린 소립자들은 계속 물질을 융합해서 별을 생성하게 된다.

블랙홀의 중심으로 이동하는 소립자의 바람이 중력이고 이 중력바람이 바로 빛의 매질이므로 블랙홀 안에서 발생하는 빛은 도플러 효과에 의해서 비가시광선으로 변하므로 초기의 블랙홀의 모습은 외부로 나타나지 않는다. 이것은 마치 여인이 임신해도 초기에는 외부로 현상이 나타나지 않는 것과 같다. 임신부가 아이의 성장을 위해서 엄청난 음식을 섭취하듯이 초기의 블랙홀도 많은 소립자들을 섭취하다가 별이 어느 정도 형성되면 중력바람의 속도가 점점 줄어들고 도플러 효과가 작아져서 드디어 빛이 가시광선으로 변하면서 블랙홀이 임신하고 있던 별의 모습이 외부로 드러나게 되는데 이것이 바로 별의 출산이다. 태어난 별은 주변의 소립자를 영양분으로 섭취하면서 계속 성장하다가 한계점에 이르면 성장을 멈추게 되면서 태풍이 소멸하듯이 중력도 사라지게 되고, 이 때 별의 중심부에 형성된 고압과 고온 속에서 원자들의 핵이 폭발(분열)하면서 핵폭탄처럼 연쇄분열이 일어나고 별은 사망하게 된다.

만유인력이론에 따르면 중력의 방향은 바뀔 수 없고, 한 번 생성된 별은 소멸할 수 없다. 하지만 필자가 주장하는 유체중력장이론은 중력이 사라질 뿐만 아니라 오히려 중력의 방향이 반대로 바뀌면서 별의 소멸(폭발, 분산)이 가능하다.

모든 생명이 영양분을 섭취하다가 중지하면 죽게 되고, 죽으면 분해돼서 자연으로 돌아가듯이 별도 소립자들을 흡입하다가 중지하면 사망하게 되고, 사망하면 분해돼서 우주로 흩어지므로 별이 하늘로 변하고 하늘은 다시 별로 변하는 우주의 순환이 이루어지는 것이다. 중력이 곧 별의 생명력(영양섭취 방법)이며 중력이 사라지면 별이 폭발하면서 장렬하게 사망하는 것이 소위 초신성이다. 그러므로 중력(영양섭취)이 있는 별은 살아있는 별이며 중력이 없는 별은 사망한 별이다. 별이 중력으로 소립자를 흡입해서 융합하고 물질을 생산한 후에 밖으로 토해내는 것이 바로 화산이며 태양처럼 활동이 왕성한 별은 많이 토해내지만 지구처럼 쇠약한 별은 조금씩 토해낸다. 우주 전체의 입장에서 보면 별은 스스로 살아가는 독립된 기본생명체이며 사람을 포함해서 일반생명체는 기본생명체인 별에 기생하는 부속생명(더부살이)에 불과하다. 인간의 몸에도 수억 개의 다른 생명체들이 기생하고 있는 것과 유사하다.

지구가 살아있는 별이기 때문에 중력이 있고 그래서 인간이 땅에 발을 붙이고 살 수 있다. 지구가 사망한 별이라면 중력이 없어서 산과 바다 그리고 구조물이나 생명들이 모두 공중으로 흩어져 죽게 된다. 기생충이나 더부살이의 생명력이 왕성하면 숙주나 기본생명체는 그만큼 황폐해 진다. 지구에는 인간이 너무 많을 뿐만 아니라 활동이 왕성해서 인간의 숙주인 지구가 병들어 가고 있다. 인간은 지구라는 별과 그 별이 생성해놓은 자연에 항상 감사해야 하고 그 자연을 아끼며 살아야 한다.

자연에 선과 악의 경계는 없다

Nature Study in Science

　대부분의 사람들이나 단체들은 자기편이 선이고 상대편은 악이라고 생각한다. 남한은 북한을 악이라고 하고, 북한은 남한을 악이라고 한다. 법원에 가보면 원고는 피고를 피고는 원고를 악이라고 생각한다. 연애도 내가 하면 로맨스이고 남이 하면 스캔들이다. 자기 종교의 신도에게 신이 들면 성령이고, 남의 종교의 신도에게 신이 들면 악령이다. 성경에서 보면 이스라엘은 선이고 나머지는 모두 악이다.

　일반적으로 도덕은 그 행위의 동기를 분석해서 선악을 구분하고, 법률은 그 행위의 결과를 중심으로 옳고 그름을 구분한다. 그러나 물리학적 관점의 선악 구분은 조금 다르다. 자유와 평등을 깨트리는 행위(양극화, 결집화)를 악이라 하고, 그 깨진 것을 바로잡는 것(평준화, 분산화)을 회개(반성)라 하며, 자유와 평등이 깨지지 않도록 미리 막거나 유지하는 것을 선이라 한다. 인간이 하는 행위는 모두 악행과 그 악행에 대한 회개만 존재할 뿐 선행은 존재하지 않는다. 일반적으로 어려운 사람을 도와주는 것을 선행이라고 하지만, 과학적 관점으로 바라볼 때 그것은 회개이다. 진정한 선행은 어려운 사람을 돕는 것이 아니라 어려운 사람이 안 생기게 하는 것이기 때문이다.

   선과 악을 자유와 평등의 유지와 파괴의 개념으로 분류하지 않고 보편적인 개념으로 분류하더라도 관점을 피해자의 입장에서 보느냐 아니면 제3자를 포함한 전체의 입장에서 보느냐에 따라서 개념이 달라진다. 다시 말해서 미시적으로 보느냐 아니면 거시적으로 보느냐에 따라 달라진다는 것이다. 예를 들면 예수를 판 유다가 없었다면 십자가의 보혈을 통한 기독교의 영혼구원은 없었으므로 유다의 행위는 미시적으로 보면 악행이지만 거시적으로 보면 인류를 구원한 선행이라고 볼 수 있다. 또 강도행위가 희생자의 입장에서는 악행이라고 보이지만, 좀 더 근원적으로 바라보면 강도가 존재할 수밖에 없도록 몰아간 주변 환경을 만든 사람들이 원죄를 지은 것으로서, 오히려 강도는 환경의 희생자라고 볼 수도 있다.

   그렇다면 착한 사슴을 잡아먹는 호랑이의 행위는 악일까 선일까?… 사슴이 착하다는 것은 인간의 관점이다. 사슴은 호랑이를 보면 도망이라도 갈 수 있지만 풀은 도망가지도 못하고 사슴에게 뜯어 먹힌다. 인간의 입장이 아니라 풀의 입장에서 보면 자신들을 괴롭히는 사슴을 잡아먹는 호랑이는 선이고 오히려 사슴이 악이다. 임금이 목숨을 걸고 나라를 세웠는데 그것을 국민이 빼앗은 것이 민주주의다. 기업가가 피와 땀을 흘리며 창업했는데 기업의 존립을 위협하는 것이 노동조합이다. 인간의 관점에서 보면 병균이나 해충은 박멸돼야 할 악이다. 그러나 병균과 해충의 입장에서 보면 자신들은 열심히 삶을 살고 있을 뿐이다. 자연의 순환계를 볼 때, 한 생명체가 열심히 혹은 잘 산다는 것은 다른 생명체가 못 살거나 죽어간다는 것을 의미한다. 그러므로 우주 전체의 입장에서 바라보면 선과 악의 경계는 없다. 생명체가 하는 모든 행위는 그저 생존행위며 선도 악도 아니다. 선과 악은 인간이 분류한 것이고 우주에는 오직 존재와 순환만이 있을 뿐이다.

선악의 개념을 과학과 지구환경에 대입시켜 봐도 마찬가지다. 인간을 편히 살게 해주는 기술이 과학이다. 그러면 과학은 착한 기술일까? 그렇지 않다. 인간이 편해진 만큼 동식물은 물로 자연과 물질이 괴로워진다. 과학은 자연과 물질을 부수고 변조해서 인간을 편하게 하는 기술이다. 누군가가 무엇을 얻으면 누군가가 그것을 잃게 되고 누군가가 편해지면 누군가는 괴로워진다. 지구가 자연의 법칙에 의해서 스스로 소멸되기 이전에 지구를 멸망의 길로 가게 할 수 있는 유일한 생물이 바로 인간이다. 모든 나라가 국력신장과 경발전만 부르짖으며 앞으로 나가면 머지않아서 지구는 종말을 맞을 것이다. 그러므로 과학은 올바른 철학으로 통제되어야 한다.

식물도 심장을 가지고 있다

식물에게도 동물처럼 심장 역할을 하는 펌프기능이 있는데, 그것이 퇴화되면 영양(에너지)공급이 감소해서 죽게 된다. 펌프 작용이 없다면 뿌리에서 흡수한 영양분을 수십 미터이상의 높은 곳까지 끌어올릴 수 없다. 식물의 펌프작용은 다음과 같이 일어난다. 바람에 의한 운동이나 외부의 온도차가 나무 내부에 있는 수액 관의 수축과 팽창을 반복하게 하는데, 이때에 수액 관의 역류방지 밸브가 수액을 한쪽으로만 이동하게 작용해서 영양분을 수십 미터 이상으로 밀어 올리는 것이다. 이 펌프 기능이 노화되면 에너지의 공급이 멈춰지고 그래서 나무도 동물처럼 심장(영양 공급 기관)이 노쇠해서 죽게 되는 것이다. 가을에 단풍이 들 때도 나무의 아래쪽에서부터 단풍이 들고 위쪽은 늦게 까지 푸른색을 띠는 이유는 펌프 작용에 의해 영양분이 아래쪽보다 위쪽에 더 많이 공급되기 때문이다. 영양분이 단순히 모세관 현상에 의해서 올라간다면 높이 올라갈수록 그 작용이 약해지기 때문에 위쪽이 먼저 단풍이 들어야 한다.

일년생 식물들도 온실에 두고 에너지(영양)만 잘 공급하면 겨울에도 죽지 않고 계속 산다는 것을 우리는 잘 알고 있다. 역사 유적지에서 발견된 천 년이 지난 식물의 씨앗에 최적의 온도와 습도를 유지해주면 싹이 튼다. 이것은 환경만 좋으면 일반 생명체도 바이러스처럼 영생할 수 있다는 것을 보여 주는 좋은 예이며, 또한 생명은 '물질의 기능적인 결합'에 불과하다는 것을 보여 주는 뚜렷한 증거이다.

동물과 식물의 유사성을 좀 더 설명해 보겠다. 생명을 이루게 하는 기본은 빛과 물인데, 물 분자가 모여서 이루어진 결정체인 눈의 모양이 육각형이고 태양을 바라보면 빛이 정확하게 여섯 개의 갈래로 강한 줄기를 형성하고 있다. 그래서 햇빛과 물의 도움으로 살아가는 생명체에게는 6이라는 숫자가 구조의 기본이 된다. 인간의 몸이 머리와 몸통, 양 팔과 양다리 여섯 갈래로 되어있다. 이것은 식물에서도 똑같이 나타나는 현상인데, 대부분의 잎과 꽃잎은 줄기를 포함해서 여섯 개의 갈래로 이루어져 있다. 그런데 동물은 땅에 고정되어있는 식물과는 달리 여기저기를 이동하면서 산다. 그래서 식물과는 역(逆) 생체구조를 가지고 있다. 즉, 사람을 거꾸로 세워서 고정시켜놓고 식물이라고 생각하면 나무와 사람은 거의 똑같은 형태를 이루고 있다. 사람의 몸통은 식물의 줄기가 되고, 팔과 다리는 가지가 되며 손과

발은 잎이 된다. 사람 몸통의 끝에 붙어 있는 생식기는 식물 줄기 끝에 피는 꽃과 같은 것인데, 꽃과 생식기는 모두 번식 기능을 갖고 있다는 공통점이 있으나 꽃은 암수가 함께 있고 사람은 분화돼서 암수가 다르다는 차이점만 있다. 그리고 식물도 사실은 동물처럼 운동을 매우 좋아한다. 집안에 있는 식물이 약해지는 이유가 햇빛의 부족이라고 생각하고 가끔씩 야외에 내어 놓으면 건강해 지는데, 사실은 건강해지는 이유가 따로 있다. 햇빛은 유리창으로 들어오는 것으로 충분하므로 식물이 밖에서 건강해 지는 이유는 햇빛 때문이 아니라 비와 바람에 의한 운동 때문이다. 그러므로 실내에 있는 화분도 가끔씩 선풍기로 운동을 시켜주고 손으로 만져주면 더 건강해 진다. 실천해보기 바란다. 그리고 사람이 냉온탕에 번갈아서 들어가면 신진대사가 좋아 지듯이 식물도 일정한 온도보다 적당한 일교차가 있으면 더 건강해진다.

동물은 영양을 섭취하고 순환시키기 위해서 심장이 자신의 에너지를 사용하지만 식물의 심장은 자연의 힘을 이용하기 때문에 경제적이다. 그래서 식물은 심장 박동 사이클이 매우 느려 일찍 노화되지 않고 수백 년 심지어는 수천 년이 넘도록 생명을 유지하는 것이다. 그러나 나무들도 늙으면 영양 수송관(핏줄)의 탄력이 떨어지면서 동맥 경화가 일어나고 펌프 능력이 약화돼서 서서히 죽는다. 결국 식물이나 동물이 다 심장(에너지 공급 기관)이 약해져서 죽는 것이다. 식물의 특성을 이용한 장수 건강법은 별도의 저술에서 따로 밝히겠다.

약보다 음식이 중요하다

 죽을병에 걸려 병원에서 포기한 환자가 깊은 산속에서 자연식을 하면서 병이 낫는 경우가 종종 있다. 우리는 양념으로 요리된 음식에 젖어서 본래의 음식 맛은 모르고 먹는다. 한국 음식은 모든 음식을 파, 마늘, 고추, 간장 등으로 양념해서 그 양념 맛으로 먹기 때문에 원재료가 내는 맛이 어떤 것인지 잘 모른 채 먹고 있다.

 음식을 먹을 때 대체로 내 입맛에 맞지 않으면 내 몸에 안 맞는 음식이라 생각하면 된다. 같은 음식이라도 몸의 체질 변화나 영양 상태에 따라 맛이 달라질 수 있다. 어떤 음식 재료가 내 몸에 맞는지 아닌지 알기 위해서는 생으로 혹은 살짝 익혀 양념 없이 먹어보는 것이 좋다. 건강을 위한 자연식을 원한다면 양념 없이 원 식재료가 가지고 있는 고유의 맛을 느끼면서 먹는 것이 기본이다.

대한민국 국민들은 쌀을 주식으로 하고 있으나 사실은 쌀이 주식이 된지 50여년밖에 되지 않았다. 그전에는 쌀이 부족해서 지금의 북한처럼 보리나 잡곡을 주로 먹었다. 요즘은 쌀과 고기의 과다 섭취가 성인병의 원인이 되기도 한다. 그런데 생물학적 관점에서 볼 때, 자기 부모가 자신을 임신했을 때에 먹었던 음식이 내 몸에 적응된 음식이라고 보면 된다.

우리나라 사람들에게 가장 잘 걸리는 암은 위암과 대장암이다. 그런데 이들은 모두 잘못된 음식 문화에서 발생하는 암이다. 음식을 먹을 때에 될 수 있으면 요리를 하지 말고 자연이 준 그대로 먹되 양념은 조금씩 먹는 것이 좋다. 독성이 있는 일부 음식을 제외하고 모든 음식은 익히지 않고 생으로 먹는 것이 가장 좋다. 냉장 시설이 없던 과거에 모든 음식들을 짜게 만들어 변질을 방지했다. 그래서 김치를 비롯해 장아찌 등 짠 음식을 많이 만들었는데 그 음식 맛에 길들여져 버렸다. 이제는 사시사철 싱싱한 야채가 생산될 뿐만 아니라 저장도 쉬워졌으므로 반찬을 너무 짜게 만들 필요가 없다. 야채를 생으로 편하게 먹으려면 야채를 씻은 다음 적당한 통에 먹기 좋을 정도의 크기로 잘라서 채우고, 식초와 간장을 조금 붓고 깨끗한 냉수를 야채가 잠길 정도로 부어서 식사 때마다 건져 먹으면 된다. 그러면 야채의 풋내는 없어지고 영양과 맛은 그대로 유지하면서 아삭아

삭하는 식감을 즐길 수 있다. 짠 음식 못지않게 기름에 튀긴 음식도 몸에 좋지 않은데 음식을 튀기면 단백질이나 지방이 고열로 변질되기 때문이다.

나는 오랫동안 자연식을 해왔다. 내가 추천하는 자연식 요리법은 매우 간단하다. 나의 요리법의 기본 원칙은 음식을 맛있게 만드는 데 초점을 두지 않고 편하게 먹는데 초점을 둔다는 것이다. 생으로 먹을 수 없으면 익혀서(삶거나 쪄서) 먹고 통째로 먹기 불편하면 자르거나 갈아서 먹는다. 야생 동물들은 요리된 음식이나 인공 사료를 먹지 않기 때문에 거의 질병에 걸리지 않고, 병에 걸린다 해도 대개 자연 치유된다. 그런데 인간은 요리에 엄청난 시간과 에너지를 소비하면서 오히려 각종 질병에 걸린다.

각종 맛있는 음식들이 각종 현대병을 유발하고 있다. 음식에 있어서도 우리는 원래의 자리로 돌아가야 한다. 습진, 치질, 비염, 치주질환, 알레르기, 아토피 등은 모두 몸속에 있는 부적합한 물질이 특수부위에 모여서 발생하는 기능성 질환이다. 이 질환들은 자연 속에서 순환을 촉진하는 운동과 함께 자연식을 하면 모두 사라지는 병들이다.

운동보다 자세가 중요하다

우리 인간은 자연의 일부이다. 그러므로 어떤 지혜를 얻을 때 항상 자연과 연관시켜 생각하면 보다 쉽게 지혜를 얻을 수 있다. 건강의 지혜도 마찬가지이다. 운동을 거의 하지 않는 나무는 1,000년을 넘게 사는 것이 많고, 심지어 3천 년을 넘게 사는 나무도 있다. 운동의 근본 목적은 운동선수처럼 강하고 빠른 신체를 가지는 것이 아니라 몸을 유연하게 만들어서 여러 장기들의 기능을 원활하게 만드는 것이다. 왜냐하면 건강은 강함에서 오는 것이 아니라 부드러움에서 오기 때문이다. 그래서 운동은 부드럽게 해야 한다. 포식 동물들은 사냥을 하기 위해 강하고 빠른 운동을 하는데 그들은 모두 수명이 짧다. 반면에 부드러운 운동을 하는 거북이나 학은 오래 산다. 요가가 건강에 좋은 이유는 몸을 유연하게 만들어서 장기의 기능을 향상시키는 데 효과적이기 때문이다. 과다한 운동은 오히려 건강을 해친다. 강한 것보다 부드러운 것이 더 좋다. 그런데 건강을 위해서 운동보다 더 중요한 것이 바로 평소 생활에서 취하는 자세이다. 내가 과거에는 나름대로 열심히 운동도 했지만 항상 원인 모를 두통을 안고 지냈고, 계절이 바뀔 때마다 감기로 고생을 했다. 그런데 생활 자세를 바꾸면서 운동을 거의 하지 않고도 10년이 넘게 두통과 감기를 모르고 산다.

감기 바이러스를 비롯해서 병원균은 어디든지 많이 있는데 그 병원균에 노출된 사람들이 모두 병에 걸리지는 않는다. 병원균이 번식할 수 있는 환경을 제공하지 않으면 병에 걸리지 않기 때문이다. 기능성 질환은 물론 대부분의 세균성 질환도 순환기 계통의 기능저하가 근본적인 원인이다. 순환기 계통의 기능이 떨어지면 독성물질이나 이물질 등이 몸 밖으로 원활히 배출되지 못하고 어딘가에 쌓이거나 유착되게 되고, 그로 인해서 신체기능이나 면역력이 약해지므로 병이 생기게 된다.

운동을 하면 혈액순환이 좋아지면서 노폐물들이 몸 밖으로 배출된다. 그런데 누구든 운동을 규칙적으로 하려면 많은 노력이 필요한데, 그렇게 많은 노력과 에너지를 들이지 않아도 자세만 똑바로 하면 비슷한 효과를 낼 수 있다. 의사들은 주로 정신적인 스트레스를 받지 말라고 조언한다. 그런데 스프링을 오랫동안 눌러 놓으면 탄력이 죽게 되듯이 근육이나 장기도 일정한 스트레스를 오랫동안 지속적으로 받으면 장애가 온다. 직장에서 일정한 자세로 오랫동안 일하거나 잠잘 때 바르지 못한 자세로 자면 근육에 스트레스가 쌓이고, 그것이 주변의 통증을 일으킨다. 같은 자세가 오래 동안 고착되면 유해물질이 한 곳에 쌓여 질병을 유발한다. 유해물질 중에서 혈액보다 비중이 큰 물질은 인체 하부에 고이고, 비중이 작은 물질은 인체의 상부에 고이게 되는데 이것이 여러 가지 질환을 초래한다. 그래서 적절한 운동은 물론 가끔 물구나무서기를 하거나 누워서 손을 허리에 받치고 하체를 높이 든 다음 몸을 진동시켜주면 고여 있던 유해물질이 순환돼서 건강이 좋아진다.

보통 치질, 습진, 여드름, 알레르기 비염, 치주염 등은 성격이 온순한 사람들에게 더 많이 발생한다. 온순한 사람들이 활동성이 약한 것도 원인이지만 이들은 잠을 잘 때도 얌전하게 똑바로 누워서 장시간 고착된 자세를 취하므로 유해물질이 특정 부위에 몰리게 된다. 반듯하게 누운 자세에서 우리 몸의 가장 높은 곳은 코와 입 그리고 광대뼈 주변이나 가슴이다. 그리고 가장 낮은 곳이 엉덩이가 되므로 그 주변에 유해물질이 고여서 앞에서 말한 질병들이 생기는 것이다. 알코올 중독자는 코가 빨갛게 되는데 술을 먹고 잠을 자면 알코올로 인해 만들어진 유해물질이 인체에서 가장 높은 코로 모이기 때문이다.

여러분은 거꾸로 뒤집어도 괜찮은 컴퓨터나 선풍기 같은 가전제품은 가끔 거꾸로 세워주거나 눕혀주면 성능이 좋아진다는 사실을 아는가? 가전제품도 같은 자세로 오래두면 한 쪽으로만 부하가 걸려서 빨리 고장이 난다. 원인을 모르는 두통의 90%는 잠자는 자세가 나빠서 생긴다. 베개를 너무 높이 베면 목과 어깨에 긴장(스트레스)이 생기는데 이것이 두통의 원인이다. 원인 모를 두통이 생기는 사람은 주먹으로 뒷목을 두드려 보면 머리와 연결된 목 부위에 통증이 있을 것이다. 그 부위를 주먹으로 두드리거나 엄지로 누르고 고개를 앞뒤로 저어주거나 좌우로 회전시켜주면 일시적으로 두통이 없어진다. 하지만 생활 자세나 수면 자세를 고치치 않으면 두통은 다시 계속 될 것이다. 잠을 잘 때 낮은 베개를 목 부위에 받치고 자면 두통이 사라지고, 목 디스크를 비롯해서 얼굴에 생기는 여러 가지 질환도 줄일 수 있다.

잠을 잘 때뿐만 아니라 일상생활에서도 바른 자세를 유지하는 것은 매우 중요하다. 인간은 원래 네발로 기어 다녔는데 직립했기 때문에 영장류가 되었지만 이에 따른 부작용도 생겼다. 인간이 바른 자세가 어떤 것인지 알려면 엎드린 동물의 자세에서 근본을 찾아야 한다. 인간의 올바른 앉기 사제는 동물의 엎드린 자세 그대로를 직립으로 세운 자세이다. 하복부를 앞으로 당겨서 허리를 곧추세우고 가슴을 펴며 목은 가볍게 뒤로 제쳐서 조금 거만한 자세를 취하는 것이 바른 자세이다. 걸을 때도 패션모델이 워킹 하는 것처럼 발을 일자로 걷는 것이 좋고, 11자로 터벅터벅 걷는 것은 건강에 좋지 않다. 바른 걷기와 앉기 자세는 자신감을 표출해서 정신적으로도 좋으며 인체의 기와 혈의 순환도 높여주므로 운동만큼이나 건강에 중요한 요소이다. 그래서 소위 도를 닦는 사람들도 단전호흡과 명상을 할 때 바른 앉기 자세부터 취하는 것이다.

World Religions

제 4 장
종교에 대하여
과학의 종교학

Religion Study in Science

▼ 종교와 과학은 동전의 양면과 같다

Religion Study in Science

　철학은 올바른 가치를 찾고 또 그것을 실천하기 위한 학문이다. 올바른 가치를 찾으려면 먼저 진실을 알아야 하고, 진실을 밝히려면 과학의 뒷받침이 있어야한다. 그러므로 과학으로 증명되지 못하는 철학은 결국 개똥철학의 범주에 속한다. 그동안 철학은 과학이 진실을 밝혀주지 못하므로 자신의 논리만으로 진실을 밝히려고 노력했지만 한계에 부딪힐 수밖에 없었다. 우주의 원리를 알지 못하는 상태에서 어떤 것이 진실이며 또 어떤 가치가 옳고 그른지를 갑론을박해봐야 무슨 소용이 있겠는가?

　종교와 과학은 동전의 양면과 같다. 그 중에서 어느 한 쪽만 열심히 공부하면 우주의 원리를 완전하게 이해하지 못한다. 과학은 독립성이 강한 학문이지만 그래도 종교를 알지 못한 채로 사물의 궁극적인 본질을 이해하는 데는 어려움이 있다. 그래서 나는 종교와 과학을 융합해서 함께 탐구했고, 그 둘이 상호 보완해주므로 탐구에 큰 도움이 되었다. 종교의 모순을 파악하기 위해서 종교를 과학적으로 분석했고, 종교의 모순을 분석하는 과학에는 오류가 없는지 다시 과학을 철학적으로 검토하는 과정에서 과학의 오류를 발견하고 수정하여 과학계가 소망했던 통일장이론을 완성했다.

인간이 겪은 수많은 경험과 축적된 지식으로부터 상식이 형성되고 규범과 도덕도 탄생했다. 그런데 이런 것은 모두 인간의 이성에 의한 산물이며 이런 것들만 가지고 세상을 다스리기에는 한계가 발생했다. 그래서 이성을 초월하는 절대적인 힘에 의지해서 세상을 지배하려는 세력들에 의해서 종교가 탄생됐다. 그러므로 종교는 탄생하는 과정부터 비이성적일 수밖에 없으며, 만약에 종교의 교리가 이성적이라면 그것은 종교가 아니라 철학이나 이념이라고 표현해야 마땅하다.

국민이 법과 질서를 잘 지키면 대통령과 같은 권력자를 두려워 할 필요가 없듯이, 인간도 우주의 원리에 부합하는 자연의 법칙을 잘 이해하고 지키기만 하면 지금의 종교단체들처럼 절대자를 두려워하거나 절대자에게 잘 보이기 위해서 노예처럼 예속화된 생활을 할 필요가 전혀 없다. 운전자가 교통법규만 잘 지키면 아무 탈 없이 충분히 목적지(영생, 해탈)에 다다를 수 있으므로 교통경찰의 단속을 의식할 필요가 없는 것과 같은 이치이다. 엄밀하게 말하면 백성이나 국민은 임금이나 대통령을 따르는 것이 아니라 그들이 만들어 놓은 법을 따르는 것이다.

절대자가 존재하더라도 인간은 절대자가 만들어 놓은 자연의 법칙을 잘 이해해서 그것만 잘 지키면 자기 할 도리를 다하는 것이다. 종교의 경전은 인간이 만든 것이기 때문에 오류가 있을 수밖에 없다. 그러나 자연의 법칙에는 창조주의 뜻이 가감 없이 순수하게 투영돼있으므로 오류가 있을 수 없다. 따라서 경전에 매달리기 이전에 자연의 법칙을 먼저 깨달아야 한다. 종교 경전은 인간이 만들었고, 자연법칙은 하느님이 만들었기 때문에 어느 것이 상위에 있어야 하는지는 굳이 설명이 필요가 없다. 가끔씩 종교인들은 자신의 난치병이 기도로 나았다고 말한다. 지진, 태풍, 대형 조난사고, 그리고 전쟁과 테러로 종교인을 포함한 수백만 명이 몰살당할 때에도 하느님은 그들의 애절한 기도를 들어주지 않았다. 오히려 사망하도록 방치했는데 모두에게 똑같이 공정해야할 하느님이 개인의 기도를 듣고 그를 살리기 위해서 그의 병을 고쳐줄 리가 있겠는가? 불공정한 인간 세계에서는 지도자가 사면이라는 제도를 통해서 자신의 측근들을 용서하기도 하지만, 공정한 하느님은 절대로 사면과 같은 편파적인 행위를 하지 않으며, 오직 원칙대로 세상을 다스릴 뿐이다. 난치병의 치료를 포함해서 종교인들이 말하는 기적이나 영적인 체험은 자연현상의 일부이며, 기도나 신앙으로 이루어진 것이 결코 아니므로 경전보다 우주의 원리와 자연의 법칙을 먼저 공부해야 한다.

그러면 인간이 지켜야할 우주 원리에 부합하는 자연의 법칙은 무엇이 있을까? 과학자들이 제시하는 자연의 기본법칙인 열역학 제1법칙과 열역학 제2법칙을 인간이 잘 지키면 된다. 자연의 법칙을 인간에게 적용하면 다음과 같다.

제1법칙(총량불변의 법칙)은 재화나 자원의 총량이 정해져 있는 것이고, 제2법칙(분산의 법칙)은 총량이 일정한 재화와 자원을 소수가 독점하지 말고 분산시켜서 여러 사람과 사이좋게 나누어 써야 한다는 것이다. 이 원리는 모든 종교가 공통적으로 주장하는 사랑(자비)의 정신과 일치하며, 결국 종교의 법칙은 과학의 법칙인 열역학 제1법칙 및 열역학 제2법칙을 합해놓은 것과 같은 법칙임을 알 수 있다.

자연에서 열역학 법칙은 온도에 의해서 결정된다. 온도가 올라가면 열역학 제2법칙이 성립되고, 온도가 내려가면 반 열역학 제2법칙이 성립되면서 자연은 분산과 결집을 반복하고 순환하다. 자연이 온도에 의해 법칙이 결정되듯 인간 사회도 마음의 온도에 따라 작동 법칙이 결정된다. 마음이 따뜻해지면 나눔이 활발해져서(열역학 제2법칙이 성립돼서) 평등사회를 이루게 되고, 마음이 차가워지면 양극화가 일어나면서(반열역학 제2법칙이 성립되면서) 불평등 사회로 나아간다. 그런데 자연은 두 개의 법칙을 교대로 지키면서 자연스럽게 순환하고 있는데 반해 인간 사회는 욕심(차가운 마음)으로 권력, 자본, 명예 등 모든 것을 자신에게만 결집시키려고만 한다. 그래서 자신의 소유를 사랑(따뜻한 마음)으로 남에게 분산시키려고 하지 않는데, 이것은 열역학 제2법칙을 거스르는 짓이며 하느님의 법칙을 어기는 것이므로 용서받을 수 없는 범죄를 짓는 것이다.

우리가 흔히 사용하는 선(善)이나 악(惡), 정의(正義)나 불의(不義)의 개념은 인간이 규정한 것일 뿐, 하느님은 세상을 선이나 악, 정의나 불의로 구분하지 않으므로 하느님은 선한 자의 편도 아니고 또한 정의로운 자의 편도 아니다. 하느님은 오직 자신이 정한 원칙대로 우주를 다스린다. 오랜 역사 동안 종교인들과 진보세력이 좋은 세상을 만들려고 노력했지만 성공하지 못했다. 그들은 하느님의 뜻과 상관없이 자신들이 규정한 선이나 정의로 세상을 개혁하려고 했기 때문이다. 하느님은 인간이 만든 선과 정의의 개념에는 관심이 없으며 오직 자신이 만든 법칙으로만 우주를 다스린다.

과학과 종교가 원인을 알 수 없는 현상들을 신비주의적으로 설명해서 인류를 혼동에 빠지게 만든다. 나는 과학의 여러 가지 오류들을 바로잡아서 그동안 과학과 종교 사이에 있었던 벽을 허물어 낼 수 있는 새로운 원리를 발견했다. 우주는 오직 하나의 원칙으로 다스려지며 하느님은 세상일에 직접 관여하지 않는다. 하느님은 입법권(우주의 질서 제정권)만 행사하며, 작디작은 지구의 행정권은 인간 자치에 맡겨두고 있으므로 인간의 세상일에는 일일이 간섭하지 않는다. 그러므로 인간의 세상일은 인간이 알아서 마음대로 할 수 있지만 하느님이 제정한 법칙에 의해서 그 행위의 책임도 함께 져야한다.

나의 새로운 주장과 이론은 과학과 종교를 하나로 융합시키는 통섭(統攝) 이론이며 기존의 가치관을 혁신하는 새로운 철학이다. 우주의 원리를 설명하면서 복잡한 단어나 어려운 수학을 동원한다면 그 원리는 모두 가짜라고 봐도 무방하다. 왜냐하면 우주의 원리는 단순하고 명쾌해야 우주 만물이 혼동에 빠지지 않고 질서를 유지할 수 있기 때문이다.

▼ 신은 자기를 위한 희생을 바라지 않는다

Religion Study in Science

　종교계에서는 종종 이단 시비를 한다. 그런데 정통종교라고 하는 것들도 처음에는 대부분 이단으로 출발했으며, 그렇게 시작한 종교가 성공을 하면 정통종교가 되고, 성공하지 못하면 계속 이단으로 취급받는다. 이단이라는 단어는 기성종교가 신흥종교를, 성공한 종교가 아직 성공하지 못한 종교를 지칭하는 이름에 불과하다. 과거에는 한때 유대교가 천주교를 이단이라고 핍박했고, 중세에 들어서는 천주교가 개신교를 이단이라고 억압했으며, 지금은 개신교가 각종 신흥 기독교를 이단이라고 비난한다. 지구상에는 많은 종교가 있는데 그들의 교리는 모두 다르다. 그럼에도 모든 종교는 자신들의 교리만이 옳다고 주장한다. 만약에 그들 중에서 하나가 진실이라면 나머지는 모두 거짓이라는 논리가 성립된다.

　성공한 종교인 기독교는 유일신을 주장하며 여호와만이 이 세상을 창조한 유일신이라고 주장한다. 만약 우주에 절대자가 존재한다면 당연히 유일신이어야 옳다. 그러나 여호와, 알라, 바알, 천주, 옥황상제 이렇게 이름 붙여진 자기네 신만이 유일신이라고 하는 주장하는 것은 고대종교의 한계에서 벗어나지 못하는 유아적 사고이다. 지구의 모든 민족이 섬기고 있는 신 즉 '하느님(하늘에 계신 님)'의 이름이 민족이나 종교마다 다른 것은 백두산을 중국에서는 장백산이라 부르고 우리나라에서는 백두산이라고 부르는 것과 같다. 그리고 각 종교의 교리가 다른 것은 코끼리를 만진 장님이 한 사람은 기둥과 같다 하고, 다른 사람은 벽과 같다고 말하는 것과 같은 이치이다. 똑같은 절대자를 두고 민족마다 언어가 다르기 때문에 같은 신에 대해서 서로 다른 이름을 붙인 것일 뿐이다. 부모의 입장에서 보면 여러 자식들이 각자의 방식으로 열심히 효도하는 것을 거절할 이유가 없듯이 신도 여러 종교가 여러 가지 방식으로 자기를 숭배하는 것을 마다할 이유가 없다.

 기독교의 십계명 중 첫 번째 계명은 '나 이외에 다른 신을 섬기지 말라.'이다. 그런데 곰곰이 생각해보면 이 십계명의 제1항은 엄청난 모순을 지니고 있다. 여호와가 나 이 외의 다른 신을 섬기지 말라는 것은 이미 자신 이외의 다른 신이 있다는 것을 인정하는 꼴이고, 사람들이 다른 신을 섬길까봐 염려하고 경계한다는 뜻이다. 유일신을 주창하면서 이렇게 커다란 모순을 저지르는 경우가 어디 있는가?

한자어 종교(宗敎)라는 단어를 풀이해보면 '근본이 되는 가르침'이 된다. 종교를 인문학적 관점으로 보면 '올바른 삶을 위한 수단'이며, 문화적 관점으로 보면 '절대자를 자기들만의 방식으로 섬기는 의식'이고, 의학적 관점으로 보면 '내세에 대한 불안을 치료하는 처방'이며, 물리학적 관점으로 보면 '이론으로 설명이 안 되는 특이 현상'이다.

불완전한 인간에게 믿음이란 것은 참으로 중요하다. 그것이 진실에 바탕을 둔 확신이든 아니면 오해로 빚어진 자기최면이든 확실한 믿음과 긍정적인 사고는 우리의 삶에 커다란 힘이 되어준다. 꿈을 이룰 수 있다거나 혹은 천국에 갈 수 있다는 믿음만큼 우리의 삶에 힘을 실어주는 것은 없다.

그러나 믿음의 목적과 그 효과는 인간에게 초점이 맞추어져야 한다. 휴머니즘이 결여된 신본주위는 신 자체도 그것을 바라지 않을 것이다. 창조론적인 관점에서 보면 말할 것도 없거니와 진화론적인 관점에서 보더라도 인간이란 존재는 참으로 고귀한 존재이다. 인간은 오랜 세월을 거치면서 진화해서 만들어진 우주 최고의 정교한 예술품이다. 그리고 개개인 역시 수십억 인구 중에 단 하나밖에 없는 독창적인 존재이며, 세계 최고의 예술품보다 더 값진 존재이다.

  종교인들이 종종 잘못 생각하는 것 중 하나가, 종교가 참된 삶을 살기 위한 수단이어야 함에도 불구하고 종교가 목적이 되고 삶은 종교를 위해 바쳐져야 하는 수단으로 착각한다는 것이다. 어떤 신이 자기가 사랑하는 대상에게 자기를 위해 희생하고 목숨을 바치라고 요구하겠는가? 어떤 부모도 사랑하는 자식이 자기를 위해 목숨을 바치기를 바라지는 않는다. 종교가 세상에 미치는 영향력은 대단히 크고 또 그 효과가 상당히 긍정적인 것은 사실이다. 그러므로 종교의 잘못된 부분은 바로잡고 부정적인 부분을 줄여서 인류발전의 유용한 도구로 삼아야 하고 신이 존재한다면 신도 그것을 바랄 것이다.

▼ 일용할 양식은 대가 없이 주어지지 않는다

Religion Study in Science

　　필자는 초등학교 시절, 가족 중 누구도 교회 다니는 사람이 없는 비 크리스천 집안이었는데도 불구하고, 죽음과 영생에 대한 궁금증을 풀려고 교회를 찾아간 적이 있다. 그 이후 새벽에 일어나서 조명시설도 없는 시골길을 30분 정도 걸어서 개근상을 탈만큼 열심히 새벽기도에 참석했었다. 나는 새벽기도를 할 때에 하나님께 아무런 요구도 하지 않았고, 오직 착하게 살 것만을 다짐했었다. 그런데 그러던 중 새로운 기도제목이 하나가 생겼다. 우리 집 문간방에 젊은 아주머니가 어린 딸과 함께 살고 있었는데 그 아이가 이름 모를 병에 걸려 마치 화초가 시드는 것처럼 말라가기 시작했다. 그래서 나는 어린아이가 예수를 영접하지 못하고 죽으면 지옥에 가게 될까봐 겁이 나서, 그 아이가 예수를 믿을 만큼의 나이가 될 때까지 만이라도 생명을 연장해 달라고 간절히 기도했다. 그러나 그 아이는 끝내 죽고 말았다. 이 세상에서 제일 성실한 신자라고 자부하던 나의 기도를 하나님은 들어주지 않았다. 그래서 나는 하나님은 누구의 기도도 들어주지 않는다는 것을 일찌감치 초등학교 시절에 깨달았다.

기독교에서는 세상의 모든 일은 하나님이 주관하신다고 한다. 그 말이 맞는다면 하나님이 모두 알아서 주관하시는데 인간이 기도를 해서 그 주관을 바꾸려고 하는 것은 감히 하나님의 하는 일에 간섭하려는 불손한 시도이다. 하나님께서 모두 알아서 잘 하고 계시는데 더 많이 달라고, 혹은 더 빨리 달라고 기도하는 것은 하나님께 순종하는 태도가 아니다. 더구나 금식까지 하면서 무엇을 달라고 요구하는 것은 하나님을 상대로 단식투쟁을 하는 것이나 마찬가지다. 보통 철없는 아이가 부모에게 무엇을 해달라고 생떼를 쓸 때 밥을 안 먹겠다고 단식투쟁을 한다. 그러면 자식을 사랑하는 부모님은 아이의 몸이 상할까봐 그 생떼를 들어주고 만다. 이와 마찬가지로 금식기도도 하나님의 사랑을 볼모로 자기 요구를 이루려는 생떼에 불과하다.

또 기독교에는 아주 재미있는 행태가 하나 있다. 기독교인들은 대부분 기도의 마지막에 '예수님의 이름으로 기도드립니다.'라고 마무리한다. 기독교의 삼위일체(三位一體) 이론에 따르면 성부인 하나님과 성자인 예수님 그리고 보혜사인 성령님은 모두 일체이다. 그런데 예수님의 이름으로 기도드린다는 것은 무슨 엉뚱한 말인가? 예수의 이름으로 기도드린다는 것은 예수가 하나님이 아니라 하나님께 기도의 내용을 전하는 전달자라는 얘긴데 이것은 삼위일체론의 심각한 모순이다. 기독교인들은 이것에 대해 성부, 성자, 성령이 일체이지만 위(位)가 다르기 때문에 삼위일체라 하는 것이라고 그럴듯한 변명을 늘어놓는다. 그러나 사실은 이런 것이다. 예수가 초기에는 하나님이 아니라 하나님의 아들로서 기도의 전달자였는데, 나중에 삼위일체 교리가 나오면서 하나님으로 진급했기 때문에 예수가 기도의 전달자이면서 동시에 수령자가 되어버린 모순이 발생한 것이다.

돌덩이를 조각가가 잘 다듬어 놓으면 불상이 된다. 그 돌덩이 앞에 엎드려 수많은 사람들이 불공을 드리고 소원을 빈다. 돌덩이는 사람들이 자신에게 정성을 드리는 것을 알 리가 없다. 설혹 하늘에서 부처님이 보고 있다 해도 부처님은 그들의 부탁을 들어줄 리가 없다. 왜냐하면 자기 자식을 입학시험에 합격하게 해달라는 것은 남의 자식은 떨어지게 해달라는 것이며, 자기 남편을 승진하게 해달라는 것은 남의 남편은 탈락시켜달라는 것이기 때문이다. 부처님의 입장에서는 상대편들도 매일 엎드려 비는데 누구의 편을 들어 줄 수 있겠는가? 세상의 모든 일은 누군가에게 유리하게 되면 반드시 누군가에게는 불리하게 되어 있다. 그런데 양쪽 모두 자신에게 유리하도록 해달라고 기도하고 있으므로 공정해야할 부처님이나 하나님이 얼마나 입장 곤란하겠는가?

　부처님은 불상이 불에 타거나 도둑이 훔쳐가도 상관하지 않으며, 하나님도 교회에 벼락이 떨어지거나 예수상이 파괴 돼도 눈도 깜빡하지 않는다. 하물며 한 개인의 이기적인 부탁을 들어줄 리가 있겠는가? 매년 입시철이면 전국의 유명한 절이나 교회에서 수많은 입시생 부모들이 백일기도니 뭐니 난리를 피우는데 모두가 절이나 교회 배불려 주는 일일 뿐이다. 그러니 헛수고 하지 말고 그 시간에 일을 하거나 운동을 하는 편이 훨씬 낫다.

　우리가 종교를 갖는 이유는 성인들의 가르침을 배우고 그들의 정신이나 행동을 따라서 올바른 삶을 살자는 것이다. 그러니까 부처님이나 하나님께 무엇을 부탁하거나 청탁해서는 안 된다. 시주나 헌금을 내고 무엇을 이루게 해달라고 기도하는 것은 뇌물을 주고 청탁하는 것이나 마찬가지다. 진정한 기도는 무엇을 요구하는 것이 아니라, 하나님이나 부처님 또는 자기 자신의 내면과 대화하는 것이다. 그리고 기도는 주어진 것들에 감사하며 한 일을 반성하고, 앞으로 무슨 일을 해야 할지, 그 일이 과연 옳은 일인지 이런 것들을 숙고하는 자기 성찰이어야 한다.

기독교든 불교든 신실한 신자들과 이야기해보면 그들은 열심히 기도해서 어떤 소원을 이루었다고 말한다. 그러나 그것은 기도해서 이루어진 것이 아니라 이루어졌기 때문에 기도라는 행위가 유효성의 명분을 얻은 것이다. 우리의 일용할 양식은 어떤 대가 없이는 아무에게도 주어지지 않는다. 그것이 자연법칙이다. 그러니 기복기도는 이제 모두 그만두고 기도의 참의미를 실천하는 것이 어리석음에 빠지지 않는 길이다.

신유(神癒)는 신통력이 아니다

　인류가 원시인이었을 때는 모르는 사람을 만나면 적과 아군의 구별이 모호해서 상대가 살기(殺氣)를 품고 있는지 직관적으로 파악해야 했고, 길을 가다가도 근처에 맹수가 있는지 직관적으로 알아내야 생명을 보전할 수 있었다. 그러나 인간이 집단생활을 하면서 주택이 생기고 방위체제가 확보되면서 점차 직관력이 퇴화돼버렸다. 전화나 통신매체가 발달하지 않았던 시절에는 가족 중 누군가가 외지에 나가면 부모님이 별 탈 없는지 혹은 자식은 잘 있는지 걱정이 되어 텔레파시로 그걸 알아내거나 전달하려고 노력했다. 그러나 이제는 통신매체가 발달해서 그런 능력이 필요 없으므로 모두 퇴화돼 버렸다. 다만 아직도 일부 사람들에게는 그런 텔레파시 능력이나 신유(神癒) 능력이 나타나기도 한다. 무당이나 점쟁이, 종교인등이 아직도 그런 능력을 발휘하는데 그들이 신통력을 발휘하는 원인과 과정을 살펴보면 다음과 같다.

사람의 뇌는 매우 복잡한 전자기계와 같아서 모두 고유한 뇌파가 발생한다. 그런데 신통력이 있는 사람은 정신력을 집중하면 상대의 뇌파와 공조를 일으켜서 상대의 파동을 수신하는 능력이 있다. 그래서 상대편 뇌 속의 데이터 일부를 무선으로 다운로드 혹은 해킹할 수도 있다. 모든 점쟁이들이 과거에 대해서는 족집게처럼 매우 정확하게 맞추는 것에 비해 미래는 잘 맞추지 못한다. 그 이유는 그들이 상대의 머릿속에 들어있는 데이터를 읽어서 과거는 맞추지만 미래에 대한 데이터는 상대의 머릿속에도 없기 때문에 현재의 데이터를 근간으로 유추할 수밖에 없기 때문이다. 정말로 신이 주신 능력이라면 과거나 미래를 똑같은 확률로 맞추어야 하는데 왜 커다란 차이가 날까?…

과학이 발달함에 따라 최근에는 인간과 기계는 물론 인간과 인간끼리도 뇌파(뇌전도)를 이용해서 의사를 전달하는 실험에 성공했다. 눈을 감고 손가락으로 책을 읽는 어린이가 TV에서 방영된 적이 있다. 필자는 그것을 보고 처음에는 이치를 이해하지 못했다. 그러나 자세히 지켜보다가 곧 그 이치를 깨달았다. 신통력이 있는 아이가 손가락으로 글자를 짚으면 주변 사람의 시선이 전부 그리로 모이고 그 영상이 그들의 머릿속으로 전달되는데, 이때 아이가 해킹 능력으로 상대의 눈에서 뇌로 전달되는 영상을 읽어 내는 것이다.

우리는 흔히 여자들은 매우 직감적이라고 말하며 특히 남편이 바람을 피우면 육감적으로 그것을 안다고 말한다. 그러면 왜 여자들의 감지 능력이 강할까? 여자는 신체적으로 약자이므로 강자들의 눈치를 살피는 것이 자기를 보호하는 필수적인 수단이고 그래서 상대의 마음을 읽는 직감력이 퇴화되지 않고 아직도 유지되고 있기 때문이다.

기독교에서 아픈 사람을 치료하는 신유 은사를 가진 사람도 환자가 진통제를 먹고 아픔을 느끼지 못하면 상대가 아프다는 것을 알아내지 못한다. 정보를 신으로부터 받는 것이 아니라 상대로부터 받는 것이기 때문이다. 종교적인 신유 현상은 상대를 신뢰하지 않으면 잘 일어나지 않으며, 의학적으로도 환자가 의사나 약을 신뢰하지 않으면 질병이 잘 고쳐지지 않는다.

기독교에서 방언이라는 기괴한 언어가 있는데 이것은 언어장애 현상이다. 쉽게 말하면 벙어리가 마음만 급해서 마구 떠드는 소리와 같다. 방언을 통역하는 사람이 있는데 그것은 상대의 마음을 읽어서 비슷하게 번역하는 것이다. 만약에 방언을 녹음기로 녹음해서 통역하라고 하면 엉터리로 통역할 뿐만 아니라 수개월 후에 똑같은 소리를 다시 통역해보라고 하면 예전과 다르게 통역한다.

기독교뿐만 아니라 모든 종교에서 나타나는 초능력이나 신통력은 모든 생명체가 가지고 있는 원시적인 생명력의 회복 현상이며 신의 작용이 아니다. 성직자의 안수 기도와 신유 그리고 무당의 굿이나 무술 고단자의 내공에 의한 환자 치료는 그들의 생체 전기를 환자에게 주입해서 일종의 전기침을 놓는 것과 같다. 육체나 정신 수련이 많은 사람들 혹은 선천적으로 신통력이 있는 사람들은 원시적인 생명력이 강해서 그들의 생체 전위가 일반인보다 높으며, 환자와 접촉하면 그들의 전기 에너지가 환자에게 흘러들어가서 질병을 치료하게 된다. 그래서 무당이나 성직자들 혹은 무술 수련자들은 환자와 직접 접촉(안수)을 해야 치료효과가 높아진다. 신이 내린 초능력이라면 접촉하지 않고도 잘 치료해야 하는데 그렇지 않은 것이다. 또 신유가 신으로부터 주어진 초능력이라면 모든 병에서 동일하게 효과가 나타나야 하는데 신경성이나 기능성 질환 일부에만 효과가 있고 세균성 질환에는 거의 효과가 나타나지 않는다. 신경 계통의 질환에 효과가 큰 것은 신경 계통이 생체 전기와 매우 관련이 깊기 때문이며, 기능성 질환의 경우는 호르몬의 분비나 면역체계와 관련이 있는데 이들에게는 심리적인 요인이 크게 작용하기 때문이다.

가끔 성직자가 소위 말씀으로 치료하는 경우도 있는데, 그것은 말씀에 깊이 도취된 환자가 스스로 자가발전을 해서 치료되거나 최면에 빠져서 일시적으로 치료되는 것일 뿐이다. 그리고 신유 치료에 있어 나타나는 공통점은 치료받는 사람이 치료하는 사람을 신뢰하고 믿어야만 효과가 잘 나타난다는 것이다. 이것은 신유자의 치료 능력이라기보다 환자의 최면적인 자가발전 치료가 더 중요한 요소라는 것을 보여주는 사례이다.

▼ 종교는 계속 진화해야 한다

Religion Study in Science

　종교인들은 절대자가 우주를 지배한다고 믿고 있고, 과학자들은 에너지가 우주를 작동한다고 설명한다. 그런데 이들 중에서 어느 것이 진실인지는 중요하지 않다. 그것이 설혹 거짓이라 할지라도 우리게 유익하다면, 다시 말해서 인간의 삶의 질을 높이는데 필요하다면 크게 문제를 삼을 필요는 없다. 그래서 우리는 '종교냐 아니면 과학이냐?'의 양자택일의 관점에서 벗어나서 그들을 함께 아우를 수 있는 방법을 모색해볼 필요가 있다. 종교와 과학이 서로 충돌한다는 것은 그들의 교리나 이론에 잘못된 부분이 있기 때문이다. 교리나 이론에 명백한 잘못이 있다면 그것들을 바로잡아야 종교와 과학이 충돌하지 않고 공존할 수 있다. 잘못을 바로잡기 위해서 종교를 과학적으로 분석해볼 필요가 있지만 그러기 전에 먼저 종교를 분석하는 수단으로 사용될 과학에 오류가 있는지부터 검토해봐야 한다.

　우주를 모래사장이라고 한다면 지구는 모래알 하나보다도 작은 존재이다. 그런데 기존의 과학은 이 작은 지구와 태양계에서 일어나는 미시적인 현상으로부터 원리를 추출해서 거대한 우주를 해석하려고 함으로써 각종 오류를 생산한다.

　우주를 탐구하는 첫 단계로 물질과 생명을 공부하면 자연이라는 것을 이해하게 되고, 그 다음에는 사회라는 것을 공부하게 된다. 자연과 사회를 공부하면 소위 이 세상이라는 것을 알게 되고, 그 다음에는 저 세상도 공부해야 한다. 이승과 저승까지 모두 섭렵해야 우주의 원리를 제대로 깨우칠 수 있기 때문이다. 그런 공부를 하기 위해서 먼저 우리의 감각기관으로 인식한 것들 중에서 어느 것이 본질이고 어느 것이 현상인지를 바르게 구분하는 방법을 터득해야 한다. 시간과 상관없이 변하지 않는 것은 본질이고, 시간이 흐르면서 상태가 변하는 것은 현상이다. 도덕경에서 노자는 '무욕의 관법으로 세상을 바라보면 겉으로 드러나지 않고 숨어있는 것들을 볼 수 있다.'라고 했다. 무욕의 관법이란 사리사욕, 고정관념, 편견 등을 버리고 탈자아적인 제3자의 관점에서 나와 상대를 바라보는 것을 말하며, 탐구자나 수행자가 갖추어야 할 사유의 기본자세이다.

　우주는 이질적이거나 상호 대립적인 요소들로 구성되어있다. 예를 들면, 음과 양, 하늘과 땅, 물질과 생명, 육체와 정신, 자연과 사회, 과학과 종교, 이승과 저승 등이다. 그런데 이런 요소들이 동전의 양면과 같아서 어느 한 쪽만 공부하면 균형을 잃게 되므로 우주의 원리를 올바르게 파악하기 어렵다. 우주의 원리를 올바르게 파악하기 위해서 먼저 어떤 요소 속으로 들어가서 미시적으로 분석하고, 다시 밖으로 나와서 거시적으로 관찰한 다음에 제 3자의 입장에서 대립적인 두 요소를 다시 공시적이며 통시적으로 연결해서 탐구해보는 과정을 거쳐야 한다.

종교도 마찬가지다. 종교도 미시적, 거시적, 공시적, 통시적으로 각각 탐구해보아야 진리에 이를 수 있다. 초기의 종교는 기득권층의 지배 논리를 정당화하기 위해서 이용됐는데 이를 개혁해서 보통 사람들과 약자들을 위해서 종교의 일반화와 세계화를 이룬 사람들이 예수와 석가의 추종자들이다. 현실에서 차별을 받거나 고통 받고 있는 약한 자들에게 내세에서는 영생과 해탈을 얻을 수 있다고 설파함으로써 폭발적인 호응을 얻었다. 그러나 그들은 지나치게 영생이나 해탈만을 강조함으로서 행복해야 할 현세의 삶을 내세에 대한 희생 제물로 만들어 버리는 우를 범했다.

사람들은 '꿈'을 '목표'라는 단어와 동일시하는 경향이 있다. 그러나 좀 더 깊이 들여다보면 사실은 꿈은 목표가 아니라 수단이다. 미래에 대한 바람(희망)을 이용해서 지금 현재에 행복감을 느끼려는 것이 꿈이다. 꿈은 열망 속에 있을 때에 제일 행복하다. 꿈을 이루고 나면 가슴 두근거리게 했던 그 설렘은 곧 사라지고 또다시 다른 꿈을 꾸지 않으면 무력해진다. 그러므로 꿈은 미래의 목표가 아니고 현재를 행복하게 하는 행복의 수단이다.

종교도 이와 맥락을 같이 한다. 꿈이 현실적이고 개인적이고 작은 것이라면 종교는 좀 더 관념적이고 공익적이며 큰 것이다. 대부분의 고등종교는 내세를 이야기 한다. 내세에 대한 꿈을 매개로 현세의 고난을 극복하고 행복감을 느끼려는 수단인 측면이 강하다. 그러나 내세를 위한 꿈 때문에 현세의 지나친 희생은 옳지 않다. 이제 21세기 종교는 내세에 대한 소망에서 비롯되는 '거짓 행복'이 아니라 현실에 대한 자각의 바탕위에서 '참 행복'을 추구하는 방향으로 진화해야한다. 종교의 목적이 삶의 질을 높이기 위한 것이라면 목적에 맞도록 좀 더 진화해야 한다.

이념이 현세에 대한 사상이라면 종교는 내세에 대한 사상이며, 이념과 종교는 모두 진리가 아니라 문화이므로 시대의 흐름에 따라 변해야 한다. 음악이나 미술이 진리는 아니지만 인류의 삶의 질을 높이는데 도움을 주므로 우리가 그것들을 옹호하고 좋아한다. 그러므로 종교도 그것이 진리인지 아닌지로 논쟁하기보다는 어떻게 개선되어 인간의 삶에 도움이 되게 할 것인가를 고민해야 한다. 모든 종교가 처음 시작할 때는 진리를 강조하다가 시간이 흐르면 대부분 형태에 매달린다. 그래서 진리보다는 종교의식과 웅장한 건물로 자신들의 거룩함을 강조한다. 모든 종교적 유적들은 종교가 형태에만 치중한 결과의 잔재들이다. 21세기의 종교는 오랫동안 형태에만 치중해서 지속되어 온 잘못된 문화현상의 틀에서 벗어나 삶의 질을 좀 더 근원적으로 향상시킬 수 있는 방향으로 진화해야 한다.

우주의 원리에 기초하면 선이 악을 이기는 것이 아니라 강자가 약자를 이기게 되어있다. 만약 약자가 강자를 이긴다면 우주의 질서는 무너지며 엄청난 혼란이 초래된다. 그래도 다행인 것은 힘의 법칙에 의해 강자가 이기는 것이 우주의 법칙이지만, 우주는 순환하기 때문에 영원한 강자는 없으며 누구나 노력하면 강자가 될 수 있다는 것이다.

지금까지 우리가 선(善)이라고 믿고 있던 것들은 우주의 법칙에서는 선이 아니다. 인간의 선과 악은 인간이 규정한 것이며 우주의 법칙에서는 아무런 의미가 없다. 또한 지금까지의 모든 교육이 선은 결국 악을 이긴다고 가르쳐 왔다. 그러나 과학적 관점으로 볼 때 그것은 진실을 왜곡한 것이며 근거가 약한 주장이다. 평생 동안 착하게 살았는데도 복을 받지 못할 뿐만 아니라 오히려 불행하게 살아가는 사람들이 많은 것은 바로 이 때문이다. 백인들이 흑인들보다 대체로 잘 사는 것도 백인이 흑인보다 착하기 때문이 아니라 능력 즉 힘이 강하기 때문이다.

자본주의와 기독교는 성악설을 기초로 해서 만들어진 사상이고, 공산주의와 불교는 성선설에 근거를 둔 사상인데 자본주의와 기독교 국가는 부유하게 잘살고, 공산주의와 불교 국가는 대체로 가난하다. 기독교의 주장은 인간이 근본적으로 악해서 스스로를 구원할 수 없지만, 불교는 인간의 본성은 선하므로 수행을 통해서 스스로를 구원할 수 있다고 주장한다.

공산주의는 모두 같이 잘 살자는 착한 사상이고, 자본주의는 능력 있는 사람만 잘살자는 악한 사상인데 그 악한 사상이 선한 사상을 누르고 승리했다. 왜일까? 악한 사상이 인간의 기본 심성을 잘 활용한 것이므로 인간과 잘 부합해서 더욱 효율적이기 때문이다.

기독교와 불교를 포함해서 대부분의 고등종교가 착하게 살기를 권장해왔다. 그러나 이제는 착하게 살기가 아니라 바르게살기를 가르치는 종교로 진화해야만 한다. 종교가 만들어 놓은 목장에 갇혀서 교리를 따르며 착하게 살기를 가르치는 것이 아니라 자유로운 자연에서 우주의 법칙을 지키며 바르게 살기를 시도해야 하는 것이다.

제 5 장

사회에 대하여

과학의 사회학

Sociology Study in Science

▼ 사회도 환경온도에 의해 법칙이 결정된다

Sociology Study in Science

　과학자들은 공기의 대류 현상을 설명하면서 공기의 온도가 올라가면 그 부피가 늘어나고 그러면 밀도와 비중이 작아져서 가벼워지므로 위로 올라간다고 설명한다. 그러나 그것은 조금만 생각해 보면 곧 엉터리임을 금방 알 수 있다. 온도가 올라가면 공기의 비중이 낮아지는 것은 집합적인 개념이며 공기 분자 각각의 질량과 무게는 그대로이므로 뜨거운 공기가 가벼워서 위로 올라간다는 이론은 맞지 않다. 공기는 따뜻한 공기와 차가운 공기가 경계선을 그어 놓고 집단으로 싸우는 것이 아니라 각각의 분자들끼리 1:1 싸움으로 위치를 결정하기 때문에 집합적 의미의 비중은 위치 결정에 아무런 영향을 미치지 못한다. 그리고 공기가 무게(중력)에 의해서 모든 위치가 결정된다면 대기 속에는 분자량의 순서대로 공기가 층을 이루고 있어야 하고, 또 공기가 아무리 가벼워도 무게가 존재하므로 땅위로 가라앉아야 한다. 과학자들은 공기의 무게가 대기압을 만든다고 설명하지만 그것은 착각이다. 공기 분자는 공중에 자유롭게 떠 있으며 따라서 위에 있는 분자가 아래에 있는 분자의 무게에 아무런 영향을 주지 못한다. 대기압은 공기의 무게가 아니라 브라운운동에 의한 충격력에 의해서 만들어지는 것이다. 그런데 단위 면적에 충돌하는 분자의 속도와 밀도가 위치에 따라서 다르기 때문에 기압차이가 발생하는 것이다. 바람이 불면 먼지나 여러 가지 물체가 공중에 뜬다. 그들이 공기보다 가벼워서 뜨는 것이 아니라 그들에게 부딪히는 공기의 충격력이 그들의 무게보다 크기 때문에 뜨는 것이며, 바람이 멈추면 충격력이 약해지므로 자연히 땅으로 내려온다. 과학자들이 측정한 공기의 무게는 실제로 공기의 무게가 아니라 공기를 담은 용기의 상단과 하단에 작용하는 기압의 차이를 측정한 것에 불과하다.

중력이 약해지면 물체의 운동이 더 자유로워진다. 그러므로 역으로 어떤 물체의 운동이 자유롭다면 그 물체에 미치는 중력이 매우 작다는 것을 추정할 수 있다. 필자가 주장하는 유체중력장 이론에서는 소립자의 충돌이 중력이므로 움직임이 자유롭지 못한 액체나 고체는 중력의 영향을 크게 받지만 움직임이 자유로운 기체는 중력의 영향을 매우 적게 받으므로 준 무중력 상태로 떠 있을 수 있다. 그리고 같은 질량의 분자라 하더라도 움직임이 더 자유로우면 중력의 영향을 덜 받으므로 따뜻한(운동성이 활발한) 분자가 더 가벼워져서(중력의 영향을 덜 받아서)

위로 올라갈 수 있다. 공기 상승의 원인이 공기의 비중저하가 아니라 개별 분자의 운동성에 의한 무게저하(중력저하)가 원인이다. 공기가 위로 올라가는 이유는 다르지만 따뜻한 공기가 위로 올라간다는 현상은 같으므로 현재의 과학이론이 틀려도 오류를 인식하지 못하고 만유인력처럼 통용되는 것이다.

그렇다면 온도가 올라간다고 왜 공기의 브라운운동의 속도가 커질까? 엄밀히 말하면 온도는 분자의 회전운동이므로 온도는 공기의 브라운운동(병진운동)의 속도와는 무관하다. 고체는 아무리 온도가 올라가도 분자의 회전운동만 커질 뿐이며 병진운동은 일어나지 않는다. 공기가 병진운동(브라운운동)을 하는 이유는 중심이 맞지 않은 팽이가 가만히 서있지 못하고 움직이듯이 자유 분자는 전자와 분자 핵의 운동 중심이 일치하지 못하므로 그것을 조정하려고 계속해서 움직이는 것이다. 그러므로 온도가 올라가면 공기 분자의 회전운동 속도와 회전 반경이 커지고 따라서 분자 핵과 전자의 궤도 불일치를 수정하려는 조정운동이 더 크게 일어나면서 브라운운동의 속도도 커질 것이다. 분자가 열을 받아서 운동력(현상력)이 강해지면 분자간의 결합력(본질력)을 깨트리고 고체에서 액체로 변하고, 액체에서 다시 기체로 변하게 된다. 고체는 모든 분자가 함께 얽혀있는 상태라서 이동이 불가능하고, 액체는 작은 단위의 분자 집단으로 분열돼있으므로 이동해서 모양을 자유로이 바꿀 수는 있지만 중력이 여전히 크게 작용하므로 공중으로 부양하지는 못한다. 그런데 기체는 완전하게 개별 분자로 분리된 상태이므로 현저히 줄어든 중력을 운동력으로 극복하고 공중으로 부양하게 된다. 강한 물결에는 노를 저어서 거슬러 올라갈 수 없지만 약한 물결에는 올라갈 수 있는 것과 유사하다.

그리고 분자량이 다른 공기가 층을 이루지 않고 잘 섞여 있는 이유는 물질에도 유사한 능력이나 유사한 종류끼리 서로 다투는 '동류 경쟁의 법칙'이 작동하기 때문이다. 대기업은 대기업끼리, 소기업은 소기업끼리, 전자업은 전자업끼리, 건설업은 건설업끼리, 육식 동물은 육식 동물끼리, 초식 동물은 초식 동물끼리, 산소는 산소끼리, 수소는 수소끼리 서로 충돌하기 때문에 같은 종류는 같은 영역을 공유하지 못하지만 다른 종류끼리는 영역을 공유하면서 혼재할 수 있다. 예를 들면 토끼와 호랑이는 같은 영역을 공유하며 살 수 있지만 호랑이 두 마리가 같은 영역을 공유하지 못하는 것과 같다. 동류 경쟁의 법칙이 물질운동에서 성립되는 이유는 물질 입자들은 거리가 지나치게 가까워지면 밀어내는 힘이 작용하기 때문이다. 운동이 자유로운 입자들은 똑같은 힘이 작용해도 질량이 작은 입자가 더 큰 가속도를 받아서 궤도가 더 크게 변경되므로 서로 충돌하지 않고 비켜가지만 질량이 같으면 가속도와 궤도변경이 서로 같기 때문에 충돌한다. 그래서 질량이 같은 분자는 한 곳에 모여 있지 못하고 서로 충돌하며 골고루 퍼지게 된다. 생명체들도 능력이 비슷하면 서로 싸우지만 능력 차이가 크면 아예 싸움을 피하는 것과 유사하다.

무질서도가 증가하는 방향으로 물질이나 에너지가 분산되는 열역학 제2법칙은 '동류 경쟁의 법칙' 때문에 발생한다. '동류 경쟁의 법칙'은 항상 성립하는 것이 아니라 상황이 변하면(운동력이 저하되면 : 온도가 내려가거나 밀도가 올라가면) '동류 단합의 법칙'이 역으로 작용해서 무질서도가 감소하면서 같은 종류끼리 결집을 하기도 하는데 이때는 열역학 제2법칙과는 반대의 현상이 생긴다. 소금이나 설탕이 물속에서 온도가 올라가거나 농도가 내려가면 분열하지만 온도가 내려가거나 농도가 올라가면 다시 결합한다. 하늘에서 비나 눈이 오는 것도 무질서도가 감소해서 생기는 현상이다. 엄밀하게 말하면 과학자들이 주장하는 열역학2법칙은 사실상 존재하지 않으며 오직 물질의 운동력이 올라가면 동류 경쟁의 법칙(열역학 제2법칙)이 발생하고, 운동력이 내려가면 동류 단합의 법칙(반열역학 제2법칙)이 교대로 작동된다.

소리, 빛, 전파가 각자의 고유한 특성을 유지하면서 이동하는 이유는 공중에 혼재하는 파동의 매질끼리 '동류 경쟁의 법칙'이 성립돼서 서로 다른 매질 간에는 간섭(충돌)을 피하기 때문이다. 공중에 혼재하는 여러 가지 매질이 상대의 진동에 서로 쉽게 간섭한다면 파동의 독자성은 존재할 수가 없다. 빛과 전파가 공기층을 자유롭게 통과하며 중력의 방향과 상관없이 거의 일정한 속도를 유지한다는 것은 두 가지를 증명하고 있다. 하나는 빛과 전파는 공기와 충돌(간섭)하지 않고 통과한다는 것이고 또 하나는 빛이나 전파의 매질은 중력의 영향을 거의 받지 않는다는 것이다. 자유 분자는 중력의 영향을 매우 적게 받으며 소립자들은 중력의 영향을 거의 받지 않는다. 소립자들에게는 중력이 영향을 거의 주지 못하기 때문에 태양풍이 태양의 거대한 중력을 이기고 지구로 불어올 수 있다. 태양풍의 구성 요소에 따라서 지구에 도착하는 시간에 차이가 나는 것은 출발 시간과 속도는 모두 같으나 중력의 영향을 적게 받는 순서대로 먼저 도착하기 때문이다.

　빛이 별의 주변을 지나갈 때 중력에 의해서 휘는 것은 중력 자체 때문이 아니라 중력 바람(빛의 매질)의 이동 때문이다. 중력 바람의 속도는 달의 중력 바람이 지구에 도착하는데 대략 4시간인 것으로 계산하면 초당 약 30킬로미터 정도이므로 빛의 속도가 중력의 방향에 따라서 초당 60킬로미터까지 차이가 날 수 있다. 그리고 지구에서는 빛의 속도 변화를 전혀 느낄 수가 없지만 광활한 우주에서는 엄청난 변화가 나타날 수 있다. 빛이 중력에 의해서 휜다는 것은 역시 중력에 의해서 가속이나 감속도 된다는 것이며 따라서 빛도 일반 파동처럼 도플러 효과가 발생하므로 빛에 의해서 얻은 정보는 모두 근삿값이나 엉뚱한 값이며 참값이 아니다. 공기도 중력의 영향을 매우 적게 받는 준 무중력 상태이므로 음파의 속도도 중력의 방향과 상관없이 거의 일정하다. 그러나 일반 물질에 의한 1, 2차원의 파동은 중력의 방향과 반대로 진행하면 중력가속도의 영향을 받아서 현저히 속도와 파장이 줄어들면서 금방 소멸한다. 지구의 중심은 일반 물질로 고압(고밀도)을 이루고 있어도 소립자들은 '동류 경쟁의 법칙'에 의해서 지구 내부로 자유롭게 흘러 들어갈 수 있다. 운동이 자유로운 물질들은 다른 물질의 밀도와 상관없이 동류끼리 싸우면서 밀도가 높은 곳에서 낮은 곳으로 이동한다. 그래야 열역학 제2법칙이 성립되며 공기조성비도 일정하게 유지되고 파동도 매질에 따라서 독자성을 유지하면서 전달된다.

　인간 사회에서도 동류(아는 사람)끼리 경쟁도 하지만 역으로 동류끼리 단합도 하는 이중성을 유지한다. 부와 권력을 얻으려고 동류끼리 함께 뭉쳤다가 그것을 얻고 나면 각자가 더 많이 가지려고 서로 싸우게 된다. 자연은 물질온도에 의해서 법칙이 결정되지만 사회는 환경온도에 의해서 법칙이 결정된다. 물질은 온도(운동능력)가 내려가면 결합하고 온도(운동능력)가 올라가면 분열하듯이 인간도 환경 온도가 내려가면(형편이 어려워지면; 활동능력이 약해지면) 함께 뭉쳐서 이겨내고 환경 온도가 따뜻해지면(형편이 좋아지면; 활동능력이 강해지면) 생산물이나 획득물을 많이 가지려고 서로 싸우면서 분열한다. 전혀 모르는 사람과는 뭉치지도 않지만 또한 싸우지도 않는다. 물질이나 사람도 모두 동류와 싸우고 동류와 뭉친다.

▼ 산술적인 평등은 진정한 평등이 아니다

남녀의 차별은 어느 곳이나 조금씩 있었지만 특히 서양사회에서 심했다. 서양은 기독교가 정신문화를 지배해서 그 영향이 매우 크다. 성경의 발원지인 중동의 부족들은 여자를 마치 재산 품목처럼 관리했고, 지금도 일부다처제를 유지하는 등 지극히 불평등한 사고를 갖고 있다. 그래서 최초의 여자도 남자의 갈비뼈로 만든 부속품처럼 취급하는 발상이 나왔다. 성경은 여자뿐만 아니라 장애인이나 어린이도 사람 취급을 하지 않는다. 성경은 힘 있는 자가 정의라는 철저한 물리력 우선주의이다. 구약성경에 보면 여호와에게 제사를 지낼 때 장애인은 참여하지 못하도록 하고, 신약 성경에서도 예수가 오병이어의 기적을 행할 때에 사람의 숫자에 여자와 어린이는 제외한 것을 보면 모든 약자는 사람으로 취급하지도 않은 것을 알 수 있다. 구약에서 인구조사를 할 때도 힘이 있는 장정들 숫자만 파악했다. 여자들은 아무리 뛰어나도 성직자(신부)가 되지도 못 하도록 할 만큼 철저히 물리적인 강자들을 위한 논리로 무장되어 있다.

서양은 여자가 시집을 가면 아예 성부터 바꾸어 여성의 인격을 인정치 않았음을 극명하게 보여 준다. 우리나라는 여자를 안주인 내지는 안방마님이라 부르고, 여자들이 실제적인 경제권과 집안 경영권을 장악했으며, 남자와 거의 대등한 인격체로 대우 받아 왔다. 임금이 죽어도 왕비는 왕대비나 대왕대비가 되어 왕에 준하는 실세를 가진 왕실의 최고 어른으로 모셔졌다. 우리나라 여성은 그래도 서양에 비해 좋은 세상에서 태어났음을 다행으로 생각해야 한다.

서양의 남존여비 사상은 언어에서도 잘 나타나는데 영어를 보면 남자의 단어에 접두사나 접미사를 붙여 여자 단어를 만든다. 발음도 자음 중심이고, 모음은 단순히 자음과 자음 사이에 부딪침을 방지하기 위한 윤활유 구실만 할 뿐이며, 자체의 음가가 어떤 의미를 지니지 않는다. 반면 한글은 모든 음을 같은 음가로 발음한다. 그리고 모든 단어에도 악센트가 있고 문장에도 인토네이션이 있어서 강과 약이 분명히 대비된다. 우리의 언어가 평등사상의 반영이라면 저들의 언어는 약자를 무시하는 약육강식의 언어이다.

요즘 여성 운동 내지는 여권 신장이라는 단어를 즐겨 사용하는 여자들 중에 부모의 성 2개를 붙여 쓰는 사람들이 많다. 계속 그렇게 한다면 자식은 아마 성을 4개, 손자는 8개를 써야 할 경우가 생길 터인데 어떻게 할런지 궁금하다. 우리가 이름 앞에 성을 붙이는 것은 과거에 생물학적인 지식이 부족했을 때에 혈통은 남자들로 이어진다고 생각해서 혈통을 분류하는 의미가 있었다. 하지만 사실상 남녀가 반반씩 섞여서 만들어진 자녀가 누구의 성을 따르는 것이 옳은지는 생물학적으로는 의미가 없다. 부모의 성이 이미 수십 개의 성이 혼합돼서 만들어진 것이고, 사실은 김 씨나 박 씨도 아니기 때문이다. 성씨는 이제 그가 어느 혈통에 속하는지의 분류가 아니라 어느 집단에 속하는지를 분류하는 기호에 불과하다. 쉽게 말하면, 인터넷에서 회원을 가입할 때에 사용하는 ID의 앞자리에 김이나 박을 붙여 놓은 것과 같으며 혈통으로서는 의미가 없다. 현재의 호적법과 인구 관리 정책상 대표로 하나의 성을 택해야 하고, 사회 구조가 남자 중심의 구조이니까 자녀의 성을 남자의 성을 딸 수밖에 없다. 그렇다고 그 자녀가 아버지 성씨의 혈통만을 지닌 것은 전혀 아니다. 부모의 성에 이미 수십 개의 성이 혼합돼있으므로 우리는 김 씨도 박 씨도 아니다. 그저 한 인간이고 우리의 인식 기호로서 편의상 대한민국의 수많은 성씨 중에서 대푯값으로 하나를 선택한 것에 불과하다. 그러니까 성씨의 선택에 큰 의미를 둘 필요는 없다. 우리의 성이 김 씨든 박 씨든 간에 그 성과 이름으로 세상이 우리를 인식하는 법적, 공식적 ID 구실만 잘 하면 된다.

　진정한 여성 운동은 법률적으로나 제도적으로, 정책적으로 여권을 신장하려는 것이 아니라 여성의 실력을 키워 남자를 굴복시키려는 것이다. 강한 자가 권리를 갖게 되고, 강한 자가 대표가 되는 것은 불평등이 아니라 자연의 이치다. 요즈음의 중년 여성들은 여러 면에서 옛날보다 강해졌고 따라서 권리도 많아지고 있다. 그리고 이제 남성과 여성을 어떤 능력상의 집단으로서의 의미를 가지는 분류는 굳이 할 필요가 거의 없어졌다. 요즘은 매를 맞는 남편도 흔하고 무능하다고 집과 사회에서 내몰리는 남자들이 부지기수인 것을 보면 수긍이 갈 것이다. 성별과 상관없이 강하고 능력 있는 자가 가정과 사회와 세상을 지배하고 있기 때문이다. 성차별은 일부 편견이 있기는 하지만 엄밀하게 분석하면 부당한 차별이 아니라 능력의 차이에서 오는 자연현상일 뿐이다. 무조건적인 성 평등을 요구하는 것은 능력의 차이가 있어도 동등한 대우를 받으려는 불공정한 요구이다. 지식, 건강. 성격, 외모, 재산 등을 합쳐놓은 것이 그 사람의 능력이며 그에 상응하는 대우를 받는 것이 합리적이다.

　대체로 여자가 남자보다 동물적인 감각이 발달했고, 따라서 육감적이며 실리적이다. 아마 오랜 시간 동안 신체적인 약자로서 생존의 기술을 갖기 위해서 그렇게 됐는지도 모른다. 여자의 특질을 나타내는 말에 '여자는 약하나 어머니는 강하다.'라는 말이 있다. 대부분의 사람들은 이 말을 어머니의 모성애를 잘 표현한 말이라고 생각한다. 그러나 이것은 여자의 극단적인 실리주의를 적나라하게 표현한 모욕적인 말이다. 모성애라는 말을 역으로 해석하면 여자는 사회와 국가를 위한 것에는 약한데 자신의 것(자식)에는 한없는 힘을 발휘한다는 것이다. 우스갯소리로 지하철에서 자리가 비면 가장 빠른 것이 아줌마의 궁둥이라고 말한다. 남자들은 자리가 비어도 자기가 차지하는 것이 옳은지 나보다 약자가 앉는 것이 옳은지 등등 체면과 명분을 생각한다. 그런데 그 순간에 이미 동물적인 감각으로 실리를 추구하는 아주머니에게 자리를 빼앗기고 만다.

사회생활이나 직장에서도 감각적인 추진력으로 일을 풀어나가는 사람이 성공하는 경우가 많다. 이성적인 사람은 무슨 일을 추진할 때 그 입구와 과정 그리고 출구를 생각하는데 감성적인 사람들은 입구만 보이면 뒷일은 가면서 생각하기로 하고 일단 입구로 들어간다. 그런데 세상일이라는 것은 수학 문제를 푸는 것처럼 정확한 수순과 방법으로 해야만 되는 것이 아니라 어느 정도 추진하다보면 어려울 것으로 예상했던 일도 의외로 풀리는 경우가 많다. 이렇게 일을 감각적으로 풀어나가는 사람을 보고 보통 사람들은 그가 추진력이 좋다고 말하는 것이고, 식자층은 그를 무식하고 용감하다고 폄하한다. 그래서 학계에서는 일류대 출신들이 힘을 쓰지만 정계나 재계에서는 그러지 못하다. 학교의 우등생이 사회의 우등생이 되지 못하는 경우가 이래서 생기는 것이며, 어찌 보면 그래서 세상은 공평하고 열등생도 꿈을 가질 수 있는 것이다. 학교의 우등생이 모두 사회의 우등생이 된다면 공부 능력이 모자란 사람은 힘들어서 어떻게 세상을 살아가겠는가?

암사자는 사냥을 하고 수사자는 외적을 막는다. 만약에 수사자가 사냥에 치중하다가 부상이라도 입으면 중요한 외적을 물리치지 못한다. 사람도 남자는 군대에 가서 목숨을 걸고 나라를 지킨다. 그 대신에 여자는 최선을 다해서 가정을 보호해야한다는 논리가 성립된다. 그런데 이런 것들을 깊이 들여다보면 강자와 약자의 차이 때문이 아니라 능률을 높이기 위한 효율적인 분업이다. 모든 생명은 기본적으로 평등한 대우를 받아야 한다. 그러나 그 평등은 산술적인 평등이 아니라 능력에 부합하는 공정한 평등이어야 한다. 그런데 신체적으로 약자인 여자가 실리에서는 더 강자가 될 수도 있고, 또 많은 업적을 남길 수도 있다. 힘보다 정보와 감각을 필요로 하는 IT시대에는 더욱 그러하다. 그런가하면 약한 여자가 강한 남자에게 져주는 척하면서 남자를 가장 유효적절하게 부려먹는다. 여자는 남자를 낮에도 일하고 밤에도 일(?)하는 노예로 부려먹고 있다. 대통령도 집에 가면 마누라에게 꼼짝 못한다는 우스갯소리가 어엿한 사실이다. 신체적으로 약자인 여자들과 학교에서 우등생이 아닌 사람들에게 지혜를 가지면 약해도 잘 사는 방법이 있으니까 힘내라고 응원을 보낸다.

순환 속의 균형이 답이다

우주의 원초적 질서는 순환이다. 사회에서도 이런 질서가 작용한다. 민주화는 엄밀히 말하면 정치의 발전이 아니라 한 사람(왕)에게 결집돼있던 권력을 빼앗아서 여러 사람에게 분산한 것이지 진정한 발전은 아니다. 한 사람의 독재냐 아니면 51%의 지지를 얻은 사람의 독재냐의 차이에 불과하다. 민주제도에서도 51%가 뭉치면 선과 악 혹은 정의와 불의는 물론 진실도 마음대로 결정할 수 있다. 사회도 자연처럼 '선(善)'이나 '정의'에 의해 지배되는 것이 아니라 결국에는 강자(51%)에 의해서 지배되는 것이다. 그러므로 군주가 세종대왕 같은 현자라면 어설픈 민주정치보다 왕정이 훨씬 낫다. 다만 누가 현자인지 정확히 알아내는 최선의 시스템이 없기 때문에 차선책으로 선거제도를 선택한 것이다. 민주주의라는 탈을 쓴 선동가가 분노한 노동자를 이용해서 권력을 잡으면 공산주의가 되고, 민주주의라는 탈을 쓴 선동가가 욕심 많은 자본가와 결탁하여 권력을 잡으면 자본주의가 된다. 자본주의가 권력을 잡아 일부 특권층에게 부가 지나치게 집중되면 사회주의로 회귀하려는 움직임이 일어나서 개혁세력이 집권하게 되고, 자본을 강제로 분산시켰는데 효율성이 떨어져서 하향평준화가 되면 다시 자유경쟁주의 체제로 돌아서서 자본이 결집하게 된다. 이것이 순환이다.

민주주의도 권력을 형태적으로는 대중에게 분산시켰지만 정당을 통해서 다시 한곳으로 결집하는데 이때에 권력의 분산과 결집의 가역반응이 원활히 이루어지지 않으면 정권교체가 일어난다. 경제도 마찬가지로 성장과 분배가 활발히 이루어지지 않으면 순환이 막혀 문제가 발생한다.

분산과 결집의 순환은 우주의 기본 법칙이다. 따라서 진정한 발전은 순환을 벗어나는 것(결집이나 분산 중에서 어느 한 쪽으로 치중하는 것)이 아니라 순환 속에서 균형을 잡는 것이다. 권력이나 경제의 가역반응(결집과 분산의 순환)이 잘 이루어지는 균형 잡힌 사회가 가장 좋은 사회이다. 정부가 너무 성장에 치중하는 정책을 펴면 양극화의 후유증이 발생하고, 너무 분배에 치중하면 일하려는 의욕이 떨어져서 경제가 후퇴한다. 최근에 몰락한 그리스가 그 좋은 예이다. 모든 정책에서 균형을 잡는 것 그것이 바로 유교에서 강조하는 중용이라고 할 수 있다. 그런데 중용이란 것이 이론적으로 이해하기는 쉬운데 현실적으로 실천하기가 쉽지 않으므로 정책 집행자들도 부단히 인격을 쌓고 수행을 하면서 중용을 실천하려고 노력해야 한다. 학문(과학)은 숨어 있는 진리를 찾아내고 문화(종교)는 필요해서 만들어지지만 학문과 문화는 모두 인간의 삶의 질을 높이기 위해서 존재한다. 그러므로 삶의 질을 높이지 않는 과학과 종교가 있다면 올바른 방향으로 개혁되거나 진화해야 한다.

유기사회(有機社會 : organic society)로 가는 길

넓은 의미에서 보면 사회도 자연의 일부이므로 자연처럼 스스로 정화(개혁)되면서 순환한다. 그러나 그렇게 될 때까지 기다리기에는 너무 많은 시간이 소요되므로 우리가 노력해서 그 순환의 기간을 단축해야 한다.

종교가 주장하는 '착한 사회'는 수천 년 간 노력했지만 이루어지지 않았고, 진보세력들이 목표로 내세운 '정의 사회'도 아직 성공하지 못했다. 선과 정의로는 더 이상 좋은 세상을 만들 수 없다는 것을 오랜 역사가 증명했다. 선과 정의가 실패한 이유는 신의 존재를 갑론을박하듯 선과 정의의 정체에 대해서도 갑론을박할 수밖에 없기 때문이다. 선과 정의는 절대적 기준을 가지고 있지 않아서 관점에 따라서 의견이 달라지므로 분파와 분쟁이 생기기 마련이다. 그래서 종교는 종파가 생기고 정당은 당파가 생겨서 결국은 분열하므로 오랜 역사 동안 좋은 세상이 만들어지지 못했다. 진보와 보수는 물론 진보 자체에서도 항상 싸움이 일어나므로 개혁이 잘 안 된다. 그러나 정직은 단순해서 갑론을박할 필요가 없다. 누구도 자신의 행위가 진정한 정의인지 선행인지 결론을 내리기 어렵지만, 누구나 자신이 하는 행위가 정직인지 아닌지는 쉽게 판단할 수 있으므로 정직은 시시비비에 걸릴 일이 없으며 사회를 정화(개혁)하는 힘이 있다.

우주 만물은 모습만 다를 뿐이며 모두 본질은 같은 것이므로 모습과 상관없이 만물은 평등하다. 그리고 그 만물의 평등한 가치를 이 세상에서 실현하기 위해서 필요한 덕목이 바로 정직이다. 진리나 원리는 단순해야 하고 그래야 우주만물이 그것을 깨우치고 실천할 수 있다. 정직은 거짓이냐 아니냐만 따지면 되므로 단순명쾌해서 아무도 반론을 제기하지 못하므로 갑론을박할 필요가 없다. 선과 정의는 상대적인 개념이므로 공간과 시간이 변하면 함께 변한다. 미시적 관점에서는 선이라고 생각되는 것이 거시적 관점에서 보면 선이 아니다. 쿠데타는 일으키는 순간에는 정의처럼 생각되지만 시간이 지나면 그것이 정의가 아니라는 것이 드러난다. 이와 같이 선과 정의는 정체가 모호하지만 평등과 정직은 절대적인 개념이므로 상황에 따라서 가치가 변하지 않는다. 선과 정의는 노자가 도덕경에서 말하는 비상도(非常道=가변성의 도)이지만 평등과 정직은 비상도가 아니라 상도

(常道=변함없는 도)이다. 결론적으로 말하면 평등은 하늘(우주, 만물)의 도이며, 정직은 그 도를 땅에서 이루기 위한 세상(인간, 생명)의 도이다.

맑은 물을 담은 그릇에 잉크 한 방울을 떨어트리고 조금 기다리면 잉크가 골고루 퍼져서 전체 물이 파랗게 변한다. 과학자들이 이런 현상을 열역학 제2법칙이라고 하는데 이 법칙이 자연계와 인간사회의 평등을 유지하는 법칙이다. 열역학 제2법칙이 성립하려면 물질(에너지)이 마음대로 움직일 수 있는 자유가 확보돼야한다. 그런데 잉크가 골고루 퍼져서 파란물이 되듯이 물질(잉크)의 자유는 물질들이 서로 평등하게 되기 위한 수단에 불과하다. 인간사회도 이와 같다. 정의사회가 추구하는 목표가 자유와 평등이지만 엄밀하게 말하면 자유와 평등은 대등한 개념이 아니다. 사람이나 물질에게 자유를 부여하면 서로 자유를 많이 가지려고 다툼을 하지만 궁극적으로 모두가 평등(산술적인 평등이 아니라 능력에 따르는 공정한 평등 : 물질도 힘에 따라서 균형을 이룬다)해지는 것이 자유의 궁극적인 목표다. 그러므로 자유는 자유 자체가 목표가 아니라 평등을 쟁취하기 위한 수단이어야 한다. 따라서 정의사회의 궁극적인 목표는 평등(부와 권력의 분산)이다. 그리고 정의는 정직을 기본으로 할 때 구현되므로 정직(세상의 도)은 평등(하늘의 도)을 이루는 근원적인 방책인 것이다. 정직은 자연의 법칙을 따르는 것이며, 그것이 올바르기 때문이 아니라 우리에게 유익하기 때문에 지켜야 하는 것이다. 정직은 단기적으로 보면 손해를 보는 방법처럼 보이지만 장기적으로 보면 가장 효율적인 방법이기 때문에 필요한 것이다.

부당한 억압(작용)에 대하여 인내는 미덕이라며 참는 것이 아니라 당당하게 저항(반작용)하는 것이 정직이며 자연의 법칙에 순응하는 것이다. 정직을 행하면 행하는 자에게 일시적으로 불리할 수도 있으나 장기적으로 보면 유리하다. 정직과 부 정직이 1:1로 싸우면 정직이 질 수 있으나 정직이 많이 모이면 그 힘은 무한대로 커진다. 그래서 정직한 사람이 유리해지려면 그 사회의 구성원 중에서 정직한 사람의 숫자가 51%를 넘어서야 된다. 그러므로 학교 교육이 지식 위주의 교육보다 정직 위주의 교육이 돼야 하는 것이다.

필자는 인간사회를 무기사회(법과 제도로 통제하는 사회 : 수술과 약물로 치료하는 사회)와 유기사회(관계와 인연으로 유지하는 사회 : 자연요법으로 치료하는 사회)로 분류한다. 무기사회는 끝도 없는 제도개선의 악순환이 반복된다. 수천 년 동안 법과 제도를 개혁했지만 여전히 개혁해야할 법과 제도는 무수히 많으며 영원히 계속된다. 인간이 만든 제도는 결코 완벽할 수 없기 때문이다. 제도 개선에만 의지하는 사회개혁 운동은 마치 나쁜 재료(개인)로 좋은 제품(사회)을 만들겠다는 것처럼 목표달성이 어려운 운동이다. 좋은 집단이 되기 이전에 좋은 개인이 먼저 이루어져야 한다.

자연은 복잡한 규범과 제도가 없고 오직 작용과 반작용이라는 하나의 원칙만으로 질서를 유지한다. 그러므로 인간사회도 자연과 닮은 유기사회로 전환되면 법과 제도개혁의 악순환을 정지시키거나 최소화할 수 있다. 자연과 인간사회의 가장 큰 차이점은 자연에는 거짓이 없다는 것이다. 그러므로 인간사회에서 거짓을 제거하면 인간사회도 자연과 같아지고, 좀 더 빨리 정화될 수 있다. 우주의 기본 법칙은 순환이며 순환은 결집과 분산의 반복이다. 그런데 인간은 욕심으로 부와 권력을 결집하려고 만 할 뿐, 분산하지 않으려고 하기 때문에 부작용이 생기는 것이다. 부와 권력을 분산시켜서 순환하게 만드는 것이 자연의 법칙을 따르는 길이며 그것이 바로 정의사회를 구현하는 길이다. 그러기 위해서 제도(정책)는 중용(균형)을 취하고 개인은 정직해야 한다.

에필로그

　이 책은 과학 역사상 가장 위대한 학자라고 칭송받는 뉴턴과 아인슈타인의 이론을 정면으로 부정하고 있다. 지구상의 누구도 수많은 사람들이 추종하는 위대한 과학자의 이론을 감히 부정하려고 하지 않는다. 그런데 필자에게는 다음과 같은 여러 가지 요소들이 겹쳐져 있기 때문에 필자가 옳다는 확실한 믿음을 가지고 그들을 부정한다.

　1. 기존의 학문에 매이지 않은 열린 시각
　2. 편견이 없는 객관적인 관찰
　3. 종교에 대한 수많은 체험
　4. 생사를 넘나드는 수행
　5. 진실에 대한 믿음

　과학과 종교는 동전의 양면과 같다. 그러므로 그 어느 한 쪽만 열심히 공부하면 완전한 깨달음에 도달하지 못한다. 대부분의 과학자들은 호기심을 가지고 여기저기 둘러보다가 새로운 것을 찾아낸다. 실험과 관찰을 통해서 얻어진 몇 가지 데이터들을 이용해서 귀납적으로 이론을 만들어 낸다. 다시 말하면 소수의 데이터를 가지고 섣부른 일반화를 한다. 그런데 필자는 가능하면 연역적인 방법을 추구하기 때문에 과학을 먼저 철학적으로 사유한다. 충분한 사유를 통해서 자연은 이렇게 운행되어야 옳다고 생각하고 그 증거를 찾으려고 노력한다.

 필자도 처음에는 물질적인 자연은 하나의 원칙으로 움직이고, 의식이 작동하는 인위적인 사회는 또 다른 원칙으로 움직일 거라고 생각했다. 그런데 결국은 사회도 자연의 일부니까 자연의 법칙을 벗어날 수 없다는 사실을 깨달았다. 그리고 생명도 물질로 만들어졌으니까 물질의 법칙을 벗어날 수가 없다는 사실을 알았다.

 본질과 현상은 둘이 아니므로 과학과 종교도 근본적으로 둘이 아니고 하나여야 한다. 그리고 필자가 주장하는 하나의 원칙(통일장이론)은 과학이기 이전에 철학이며, 또한 일종의 종교이다. 왜냐하면 필자는 그것이 옳다고 생각하며(철학) 또 그것을 절대적으로 믿기(종교) 때문이다. 이 책은 동양철학에서 주장하는 이기일원론을 서양과학으로 증명했고, 서양과학이 소망했던 통일장이론을 동양철학을 통해서 완성했다.

사회 규범에는 예외가 있지만 자연법칙에는 예외가 있어서는 안 된다. 그런데 기존의 과학자들이 주장하는 우주법칙들은 수많은 예외 현상을 설명하지 못 한다. 눈앞의 팽이가 넘어지지 않는 이유도 제대로 밝히지 못한 과학자들이 먼 곳에서 발생하는 우주현상들의 원인을 밝혔다고 주장한다. 자신이 매일 사용하고 있는 가정용 전기가 교류인지 직류인지도 모르는 과학자들이 고압 송전을 하면 에너지효율이 높아진다고 주장한다. 과학자들은 수많은 예외 현상을 설명하지 못하는 이론들을 진리라고 주장한다. 그리고 무의 세계(허공)가 유의 세계(물질)에 영향을 미친다고 주장한다.

시간이 존재한다면 모든 존재는 시작(탄생)과 끝(사망)이 있어야 한다. 그런데 시간이 없다면 우주는 빅뱅이나 천지창조가 없어도 지금처럼 그리고 시작도 끝도 없이 영원히 존재할 수 있다. 우주에서 진정한 생성과 소멸은 없으며 오직 입자들의 위치가 변하는 것이 생성과 소멸로 오해되는 것이다.

많은 사람들이 종교가 일으킨 수많은 전쟁과 테러와 각종 사고 때문에 비탄에 빠져서 울부짖고, 또 어떤 사람들은 종교에 감화되어 기뻐서 눈물 흘린다. 종교는 인류역사와 문화에서 과학만큼이나 많은 영향을 미치고 있다. 그런데 지금 우리가 믿고 있는 모든 종교는 처음에는 사이비나 원시종교의 이단으로 출발했지만 세력을 확장하고 성공해서 정통 종교로 인정받게 되었다. 그러므로 종교도 새로운 시대에 맞게 진화해야 하고 과학적이어야 한다. 종교가 진화하지 못하면 차라리 비이성적인 종교보다는 이성적인 철학과 도덕이 세상을 이끄는 게 옳다. 올바른 이성과 종교로 사회질서를 세우고 그 위에 아름다운 감성으로 문화예술을 꽃피운다면 평화롭고 아름다운 세상이 될 것이다.

오늘날 우리는 정치가들뿐만 아니라 과학자와 신학자들에게도 속고 있다. 이제 우리는 거짓으로부터 벗어나야 하는데 그런 일들은 혼자의 힘으로는 이루기 어렵다. 그러므로 뜻을 같이 하는 많은 사람들이 힘을 합쳐서 함께 노력해야 한다. 많은 독자들이 이 책을 읽고 '좋은 세상 만들기'의 주역이 되기를 희망한다.

- 묵계산방에서 저자 배 길 몽 -

Notice

✦ 저자와 출판사가 과학자 및 독자 여러분께 '40가지 질문에 대한 답변' 또는 '이 책의 이론에 대한 체계적인 반론'을 요구하면서 5천만 원의 상금을 거는 취지는 우주와 생명에 대한 거대 담론을 일반화 하고, 건전한 과학 토론을 활성화 하여 우리나라 과학발전을 꾀하고자 함입니다.

✦ 답변 및 반론에 대한 심사는 서울대, 카이스트, 포항공대 물리학 교수 각1명, 저자 이렇게 4명이 진행할 예정입니다.

✦ 원고 분량은 A4 50페이지 이상이며, e-mail. zon4ram@naver.com 또는 freewillpym@naver.com으로 접수 바랍니다.

✦ 과학자 및 독자 여러분의 많은 응모 바랍니다.

문의 전화 번호 : 031-813-8303